L. Quantz,

Wasserkraftmaschinen.

Wasserkraftmaschinen.

Ein Leitfaden zur Einführung in Bau und Berechnung moderner Wasserkraft-Maschinen und -Anlagen.

Von

L. Quantz,

Diplom-Ingenieur, Oberlehrer an der Kgl. höheren Maschinenbauschule zu Stettin.

Mit 130 in den Text gedruckten Figuren.

Springer-Verlag Berlin Heidelberg GmbH 1907

ISBN 978-3-662-35783-5   ISBN 978-3-662-36613-4 (eBook)
DOI 10.1007/978-3-662-36613-4
Softcover reprint of the hardcover 1st edition 1907

Vorwort.

Der Mangel an einem kleinen, lediglich der Neuzeit Rechnung tragenden Buche auf dem heute so wichtigen Gebiete der Wasserkraftmaschinen, hat Verfasser zur Herausgabe vorliegenden Leitfadens veranlaßt.

Derselbe soll einerseits zum Unterrichte an höheren Maschinenbauschulen und Techniken geeignet sein. Andererseits aber auch zum Selbststudium für Studierende technischer Hochschulen, sowie bereits in der Praxis stehende Ingenieure, welche sich in besagtes Gebiet einzuarbeiten wünschen, ohne sich jedoch mit hohen Theorien befassen zu wollen.

Diesen verschiedenen Aufgaben soll das Werkchen dadurch gerecht werden, daß es das Wesentlichste über: Bau und Berechnung von modernen Wasserkraftmaschinen, von ihren Einzelheiten und Regulierungen, sowie auch von ganzen Wasserkraftanlagen mit deren notwendigen Vorarbeiten vor Augen führt.

Um das Werk preiswert zu gestalten, habe ich mich darauf beschränkt, lediglich neuzeitliche Konstruktionen eingehender zu behandeln. Alle übrigen, welche heutzutage nur seltene oder gar keine Anwendung finden, wurden nur in historischem Sinne erwähnt. Dabei habe ich mich bemüht, soweit es die Kürze der Abhandlung erlaubte, alle diese Konstruktionen auf ihre Zweckmäßigkeit hin zu untersuchen, um den Leser hierzu weiter anzuregen.

Dem Unterrichte sowie dem Selbststudium wurde besonders dadurch Rechnung getragen, daß die beim Entwurfe von Wasserkraftmaschinen auftretenden Berechnungen und deren Ableitungen, jedoch in ganz elementarer Behandlung, aufgenommen wurden. Ebenso dadurch, daß die für Turbinen so überaus wichtigen Schaufelkonstruktionen vorhanden sind. Ein klares Verständnis des Vorganges beim Berechnen und konstruktiven Ausbilden der wichtigsten Turbinenarten (Francis-Turbine, Schwamkrug-Turbine und Tangentialrad) geben schließlich die Zahlenbeispiele, welche den betreffenden Paragraphen angefügt sind.

So möge denn das Werkchen seinen Zweck erfüllen! — Einen Anspruch auf Vollständigkeit kann es natürlich in seiner Kürze nicht machen,
denn es konnten nur stets einige wenige Konstruktionsbeispiele Aufnahme
finden. — Es wird trotzdem Vielen willkommen sein!

Den geschätzten Firmen, welche mir in liebenswürdigster Weise
Material zur Verfügung stellten, sei auch an dieser Stelle verbindlichster
Dank ausgesprochen.

Stettin, im Oktober 1906.

L. Quantz.

Inhaltsverzeichnis.

Kapitel IV.

Strahlturbinen.

Kapitel V.

Wasserräder.

Kapitel I.

Wasserkraftanlagen.

———

§ 1. Einleitung.

Wasserkraftmaschinen dienen zur Ausnutzung von sogen. „Wasserkräften", deren Wert hauptsächlich durch die Entwicklung der elektrischen Fernübertragung in neuerer Zeit so außerordentlich gewachsen ist.

Wasserkräfte stehen uns schließlich überall zur Verfügung, denn jedes Gewässer, ob stehend oder fließend, ließe sich durch Stauung und Ableitung zur Arbeitsleistung heranziehen. Vielfach werden jedoch im Vergleich zu der erzielten Arbeitsleistung die Anlagekosten derart hohe, daß sich die Ausnutzung nicht lohnen würde.

Dies tritt vor allen Dingen bei Flüssen des Flachlandes auf, weil hier vielfach das „Gefälle" (s. § 2) zu gering ist, so daß umfangreiche Wehr- und Kanalbauten notwendig werden und doch nur eine geringe Leistung herausgeschlagen werden kann. Jedoch sind auch hier viele rentable Anlagen zu finden. Erwähnt seien z. B. nur: ein von Turbinen betriebenes Elektrizitätswerk mit 660 PS. Leistung an der Schwentine bei Kiel, sowie Kraftwerke in Rathsdamnitz (a. Stolpe) und Varzin (a. Wipper) in Pommern. Nach Professor Holz, Aachen, welcher 1898 und 1899 die Wasserkräfte Pommerns im Auftrage der Regierung untersuchte, stehen östlich von der Oder an der Drage, Rega, Wipper, Persante usw. noch ca. 50 000 PS. effektiv zur Verfügung. Nach einer Untersuchung der Wasserverhältnisse Ostpreußens im Jahre 1894 durch den verstorbenen Prof. Intze waren dort noch ca. 40 000 PS. effektiv zum lohnenden Ausbau vorhanden, eine im Vergleich zur Größe des Landes allerdings bescheidene Leistung.

Gebirgige Gegenden sind jedoch reich an ausnutzbaren Wasserkräften, so z. B. die Schweiz, Südbayern, Österreich, vor allem aber Schweden und Norwegen, sowie die Vereinigten Staaten von Nordamerika. In der Schweiz stehen noch ungezählte Kraftquellen zur Verfügung und dies kommt dem Lande um so mehr zugute, als es keine Kohlenschätze aufzuweisen hat. Die größten schweizerischen Unternehmungen der Jetztzeit: Bau der Jungfraubahn, sowie vor allem des Simplontunnels, verdanken ihre Entstehung größtenteils den Wasserkräften, welche Licht, Kraft und

Druckluft für diese Werke liefern mußten, und jetzt weiter dazu dienen, die Bahnen auf diesen Strecken zu betreiben. Südbayern verfügt noch, besonders im Isar- und Lechgebiet, über ca. 1 900 000 PS. Rohwasserkräfte, wovon 700 000 PS. mit gutem Nutzen verwendet werden können. Die noch freien Kräfte in Schweden und Norwegen werden auf 2 000 000 PS. geschätzt, und es stellen sich dort Anlage- und Betriebs- und daher elektrische Stromkosten so gering, daß man versuchsweise dazu übergeht, Hochöfen und Siemens-Martinöfen mit Elektrizität zu betreiben. Fast unerschöpfliche Wasserkräfte weist schließlich Nordamerika auf. Am Niagarafall werden z. Z. Anlagen bis zusammen 900 000 PS. ausgebaut, ohne daß die Naturschönheit des Falles irgendwie beeinträchtigt werden soll.

Den größten Vorteil bietet bei allen Anlagen die elektrische Fernübertragung, durch welche man unabhängig von der Lage der Kraftquelle geworden ist. Bietet ein enges entlegenes Tal mit reicher Wasserkraft keine Gelegenheit zur Anlage einer Fabrik, so errichtet man dort ein verhältnismäßig kleines Gebäude, welches die Turbinenkammer und das Elektrizitätswerk, sowie einige Wohnräume für Maschinisten und Wärter enthält, und leitet den dort erzeugten hochgespannten Wechselstrom nach beliebigen Entfernungen für Licht-, Kraft- und Heizzwecke weiter. Man findet hierbei Fernübertragungen bis zu 300 km Länge.

Die hierbei benutzten Turbineneinheiten sind ebenfalls ungeheure. Man baut solche bis zu einer Leistung von 10 000 PS. — Auch Gefälle und Wassermenge spielen keine Rolle. Ersteres kann $^1/_2$ m betragen und steigt z. B. bis auf 950 m bei einer Anlage in der Nähe des Genfer Sees.

Die Frage, ob sich eine Wasserkraftanlage in einem bestimmten Falle lohnt, ist natürlich nicht ohne weiteres zu beantworten. Es müssen die Anlagekosten erst aufgestellt werden, und hierbei ist wohl die obere Grenze für lohnenden Ausbau auf durchschnittlich 1000 Mk. pro Pferdestärke festzulegen. Wird eine solche Anlage an sich dann auch wesentlich teurer als eine Dampfkraftanlage, so ist doch vor allem zu beachten, daß die reinen Betriebskosten nachher nur außerordentlich gering sind. Im Durchschnitt wird man diese bei einer 1000pferdigen Anlage zu $^1/_4$ Pf. pro PS.-Stunde annehmen können, während die allerbeste Heißdampfverbundmaschine von 1000 PS. bei normalen Kohlenpreisen allein für 1 Pf. Kohlen pro PS.-Stunde verbraucht.

Die Kosten für ausgeführte Wasserkraftanlagen schwanken aber bedeutend. Während 1700 Mk. pro Pferdestärke (Werk bei Lyon) vielleicht als oberste Grenze zu gelten hat, so wäre für Deutschland 180 Mk. pro Pferdestärke, für die Schweiz dagegen 70 Mk. (Vallorbes, Neuchatel), für Kalifornien 50 Mk. pro Pferdestärke als unterste Grenze zu setzen. In letzterem Falle können also auch außerordentlich geringe Stromkosten erzielt werden.

Aber wie dem auch seï, so stellt eine Wasserkraft ein nicht zu unterschätzendes Gut dar, und glücklich sind die Länder und Gebiete zu preisen, denen die Natur solche Kraftquellen zur beliebigen Ausnutzung zur Verfügung stellt und sie dadurch unabhängig von dem teuren Kleinode, der Kohle macht.

§ 2. Allgemeines über Wasserkraftanlagen. — Vorarbeiten. — Bewertung einer Wasserkraft.

Um eine sogen. Wasserkraft ausnutzen zu können, muß das betreffende Gewässer in der Regel durch ein Wehr aufgestaut werden. Der Obergraben, unter Umständen auch ein Rohr, führt dann das

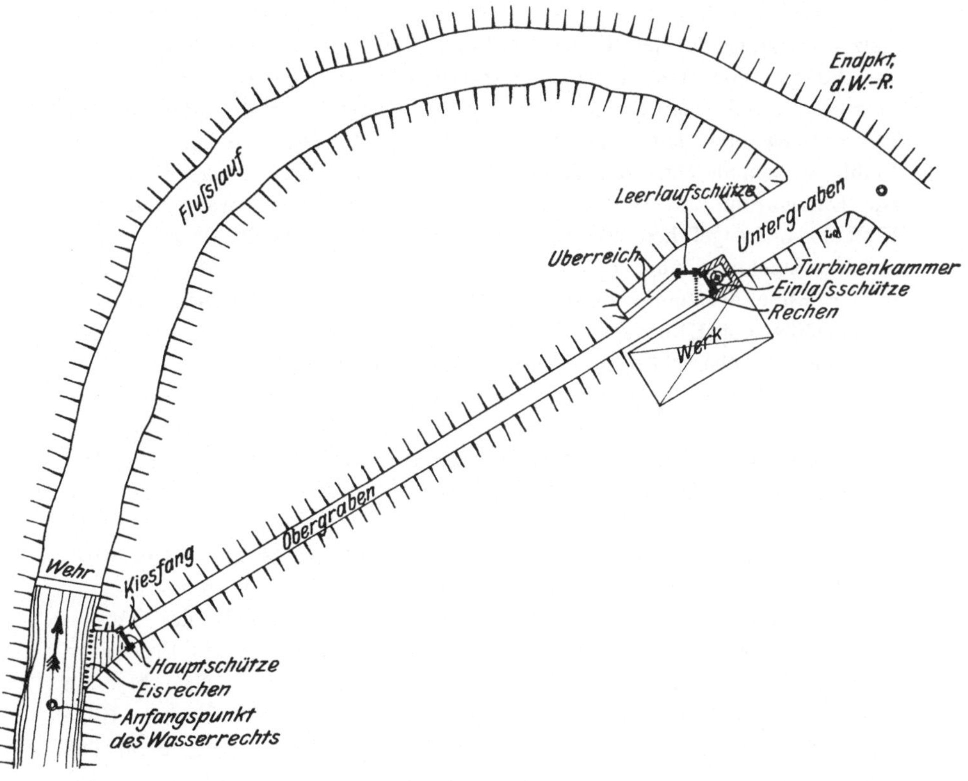

Fig. 1.

Wasser der Wasserkraftmaschine zu, der Untergraben leitet dasselbe weiter unterhalb wieder in das Flußbett zurück. Eine derartige Gesamtanlage in idealer Gestaltung zeigt Fig. 1, über deren Einzelheiten folgende allgemeine Gesichtspunkte zunächst aufgestellt werden können:

1*

Das Wehr wird zweckmäßig senkrecht zum Flußlauf eingebaut und der Obergraben nicht unmittelbar dahinter, sondern ca. 20 m oberhalb abgezweigt, damit nicht Treibholz, Eis, Kies usw. direkt dem Graben zutreiben und diesen zusetzen oder gefährden. Auch wird aus diesem Grunde der Einlaufquerschnitt 2 bis 3 mal so groß als der eigentliche Grabenquerschnitt gemacht und am besten dem Flußlaufe parallel gelegt. Der Einlauf selbst ist durch einen sogen. Grob- oder Eisrechen sowie eine Haupt-Einlaßschütze, welche bis über Hochwasser reichen muß, abzuschließen (§ 5). Im Obergraben befindet sich unmittelbar hinter dem Einlaß ein sogen. Kiesfang, in welchem sich Sand und Schlamm absetzen und durch eine seitliche, von der sogen. Kiesschütze verschlossene Öffnung ausgespült werden können. (Vergl. auch später Fig. 10.)

Das Maschinenhaus liegt in der Regel ziemlich am Ende der ganzen Anlage, da der Untergraben, weil er mit seiner Sohle sehr tief liegt, meist viel teurer herzustellen wäre wie der Obergraben. Letzterer erhält das rechnungsmäßige Sohlengefälle (§ 4), während der Untergraben auch mit wagerechter Sohle, die in den tiefsten Punkt des Flußbettes einmündet, ausgeführt wird, wie dies in Fig. 2 angedeutet ist. Die Dammkrone des Obergrabens wird, falls angängig, wagerecht vom Einlaufe an ausgeführt, damit bei abgestellter Maschine das Wasser nicht am Maschinenhaus über den Damm läuft, sobald sich der Wasserspiegel in der Ruhe horizontal einstellt. Ist dies aber nicht möglich, so wird zweckmäßig ein Überfall oder Überreich (vergl. Fig. 1) angeordnet, über welchen überschüssiges Wasser ständig abfließen kann.

Der Einlauf in die Maschinenkammer wird nochmals durch einen Rechen sowie eine Schütze gesichert (§ 5). Unmittelbar daneben befindet sich eine Leerlaufschütze, durch welche das Wasser aus dem Obergraben, den Leerlauf oder Freifluter durchströmend, direkt in den Untergraben gelangen kann.

Bevor jedoch zum Ausbau einer derartigen Anlage geschritten wird, sind folgende **Vorarbeiten** in sorgfältigster Weise auszuführen:

Zunächst ist das natürliche oder Brutto-Gefälle des Flusses zwischen Anfangs- und Endpunkt des für die Ausnutzung des Flusses zu erwerbenden Wasserrechts festzustellen. Man hat sich darüber klar zu sein, bis um welchen Betrag der Wasserspiegel über seine normale Höhe am Anfangspunkt des Wasserrechts aufgestaut werden darf, ohne daß schädigende Wirkungen auf Anlieger, benachbarte Wasserkraftanlagen usw. auftreten. Alsdann ist das Brutto-Gefälle H_b (vergl. Fig. 2) mittelst der Nivellier-Instrumente zu messen und zwar als Höhenunterschied zwischen dem aufgestauten Wasserspiegel und dem Wasserspiegel des unteren Flußlaufes am Endpunkte des Wasserrechts. Natürlich muß genau festgestellt werden, in welcher Weise dies so ermittelte Gefälle schwankt. Hochwasser erzeugt z. B. meist Rückstau im Unterlauf des Flusses. Da aber im Oberlauf keine weitere Stauung möglich ist, so wird in der Regel gerade bei Hochwasser ein geringeres Brutto-Gefälle vorhanden sein. Allen derartigen Schwankungen ist aber große Beachtung zu schenken, nicht allein wegen der davon abhängigen Wahl des Motors, sondern auch der davon abhängigen Ausführung der Kanalanlage in bezug auf Dimensionierung sowie Sicherheitsvorkehrungen usw.

Gleichzeitig mit dieser Höhenmessung ist eine weitere Vorarbeit nötig: die Bestimmung der durch den Fluß sekundlich zugeführten Wassermenge. Auch diese Messung, über welche ihrer Wichtigkeit halber Ausführliches in § 3 enthalten ist, hat in sorgfältigster Weise zu jeder Jahreszeit zu erfolgen, und zwar um allen auftretenden Möglichkeiten Rechnung tragen zu können, womöglich einige Jahre hindurch vorher. Den großen Schwankungen der Wassermenge entsprechend, die besonders bei Hochgebirgsflüssen mit der Jahreszeit wechselnd auftreten, läßt sich dann gut die Anlage ausbilden. Man muß entweder nur einen Teil des Wassers ausnutzen, wobei in Hochwasserzeit jedoch eine große Menge Arbeit verloren geht, oder man muß von vornherein die Anlage für größere Wassermenge einrichten und bei Niedrigwasser dieselbe teilweise stillsetzen bezw. geringer beaufschlagen.

Die **Aufgabe,** welche nun eine gute Wasserkraftanlage zu erfüllen hat, ist: bestmöglichste Ausnutzung des natürlichen Gefälles sowie der verfügbaren Wassermenge!

Die Graben- oder Kanalanlage (vergl. Fig. 1 u. 2) muß daher so beschaffen sein, daß sie für sich nur wenig Gefälle verbraucht, damit an der Stelle, an welcher sich die Wasserkraftmaschine befindet, noch ein möglichst großes „nutzbares" Gefälle übrig bleibt. Aus Fig. 2 ergibt sich also z. B., daß die Kanalsohle des Obergrabens nicht mehr geneigt sein darf, als zur Beibehaltung einer geringen Geschwindigkeit c_0

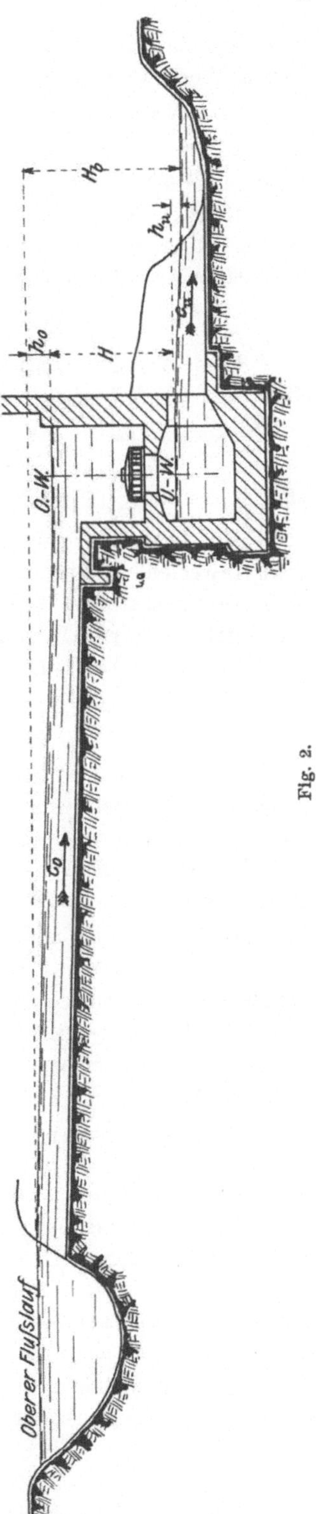

unbedingt nötig ist. Dann behält die nutzbare Gefällhöhe H einen möglichst großen Wert! (vergl. auch später § 4 B).

Der Wasserkraftmaschine selbst fällt alsdann der zweite Teil der Aufgabe zu: zufließende Wassermenge und nutzbares Gefälle H mit hohem Nutzeffekte zu verwerten.

Beträgt die zufließende Wassermenge Q cbm in der Sekunde und ist das übrigbleibende nutzbare Gefälle zu H m ermittelt, so würde die verfügbare sekundliche Arbeit bekanntlich:

$$1000 \cdot Q \cdot H \text{ mkg/sek. betragen.}$$

Eine Wasserkraftmaschine, welche einen Wirkungsgrad oder Nutzeffekt von $75\,^0/_0$ besitzt, würde somit effektiv:

$$Ne = \frac{1000 \cdot Q \cdot H \cdot 0{,}75}{75}$$

oder
$$Ne = \mathbf{10 \cdot Q \cdot H} \text{ PS. leisten!}$$

Mit dieser einfachen Beziehung kann man jede vorhandene Wasserkraft bewerten. Gute Maschinen der Neuzeit (wie später ersichtlich wird: Francisturbinen sowie einige Strahlturbinen) geben jedoch einen wesentlich besseren Wirkungsgrad ab, und zwar bis 85, ja bis $95\,^0/_0$, so daß dann die Leistung noch entsprechend steigerungsfähig ist.

§ 3. Wassermessung.

Die Messung der in einer Sekunde von einem Bache oder Flusse zugeführten Wassermenge muß vor allen Dingen, wie schon früher erwähnt, so genau wie möglich erfolgen. Zu beachten ist auch hierbei, daß die Strömgeschwindigkeit nicht in allen Querschnittspunkten gleich, sondern bis zu $30\,^0/_0$ verschieden ist.

Will man nur annähernd die verfügbare Menge schätzen, so läßt sich dies mittelst eines Schwimmers leicht bewerkstelligen. Es wird festgestellt, in welcher Zeit derselbe eine vorher abgemessene Strecke zurücklegt. Daraus ergibt sich die annähernde Wassergeschwindigkeit und sodann die Wassermenge, indem man erstere mit dem Bachquerschnitt multipliziert.

Genaue Messungen erzielt man jedoch:

1. Durch Überfall.

Diese Messung ist bei Bächen zu empfehlen. Es wird am zweckmäßigsten ein sogen. „vollkommener“ Überfall nach Ausführung der Fig. 3 und 4 fest in das Bachbett eingebaut. Die Überfallkanten müssen scharf und daher am besten aus zugeschärften Flacheisen ausgebildet sein. Vor allem ist jedoch darauf zu sehen, daß sich unter dem Strahl ein Luftraum a befindet, weil sonst die Messung durch Wirbelbildung ungenau wird. Sollte daher der Ausschnitt b so breit wie das Bachprofil sein, so muß durch ein Rohr künstlich Luft von der Seite her eingeführt werden. Die Wassermenge Q ergibt sich alsdann zu

$$Q = \mu \cdot \tfrac{2}{3} \cdot b \cdot h \cdot \sqrt{2 \cdot g \cdot h},$$

wobei die Ausflußziffer nach Freese durchschnittlich $\mu = 0{,}63$ gewählt werden kann. h ist jedoch stets vom ungesenkten Wasserspiegel aus zu messen, der ca. 2 m oberhalb des Überfalls liegt (s. Fig. 3).

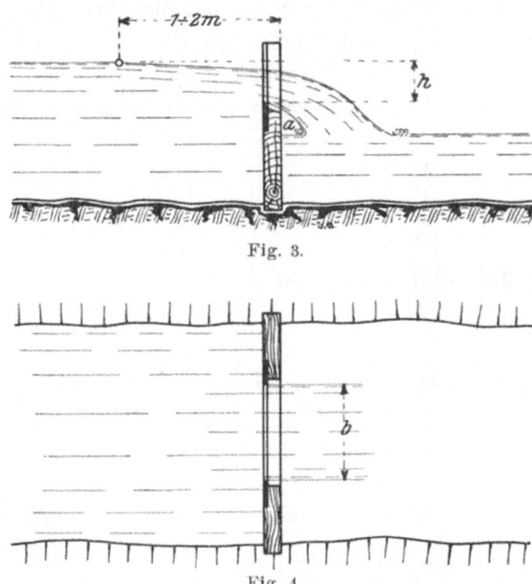

Fig. 3.

Fig. 4.

Läßt sich ein vollkommener Überfall nicht einbauen, so würde z. B. auch die Messung mittelst sogen. Grundablasses nach Fig 5 erfolgen können.

Es ist hier

$$Q = \mu \cdot a \cdot b \cdot \sqrt{2g \cdot h}$$

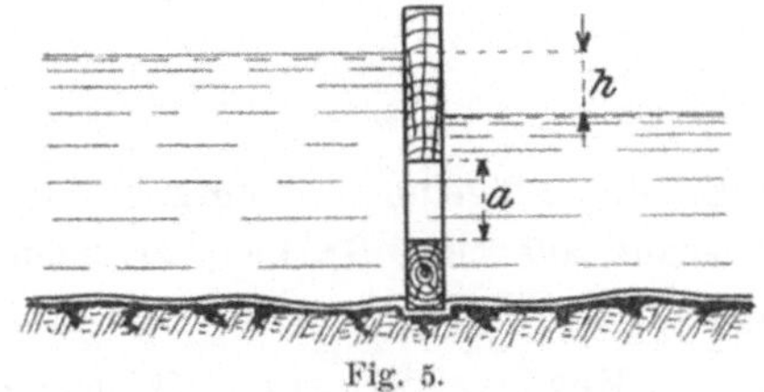

Fig. 5.

und $\mu = 0{,}8$ durchschnittlich nach Weisbach, falls die Öffnung sehr groß im Vergleich zum Bachprofil genommen wird. (Genaueres hierüber siehe Taschenbuch „Hütte" 1905, S. 241.) Die Messung mittelst Grundablasses ist aber nicht empfehlenswert.

2. Mittelst des Woltmannschen Flügels.

Derselbe ist in der einfachsten Ausführungsform Fig. 6 (ausgeführt von A. Ott, Kempten) zur Darstellung gebracht. Er besteht zur Hauptsache aus einem Flügel nach Art einer kleinen Schiffsschraube. Taucht man den Apparat in fließendes Wasser, so wird sich der Flügel in Drehung versetzen, und zwar in eine desto raschere, je größer die Wassergeschwindigkeit ist. Sobald sich eine konstante Umdrehungszahl herausgestellt hat, kuppelt man mittelst der Schnur ein Zählwerk mit dem Flügel und läßt denselben eine halbe Minute lang auf dieses einwirken. Darauf nimmt man den Apparat heraus und liest die gemachten Umdrehungen ab. Bestimmte Umdrehungszahlen pro Minute des Flügels geben natürlich ganz bestimmte Wassergeschwindigkeiten an. Jeder Apparat wird zur Bestimmung dieser Abhängigkeit vorher geeicht. Zu diesem Zwecke wird er mit jeder bestimmten Geschwindigkeit mittelst eines durch Elektromotor angetriebenen kleinen Wagens durch stehendes Wasser gezogen

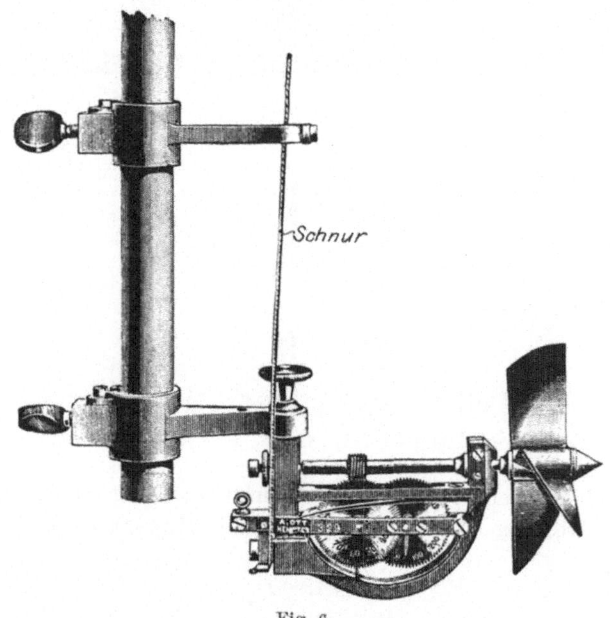

Fig. 6.

und die Flügelumdrehungszahl stets gemessen. Alle Resultate werden alsdann auf einer Tabelle verzeichnet und diese wird dem Apparate mitgeliefert. Es ist dann nur von Zeit zu Zeit eine Kontrolle nötig.

Bessere Flügel sind mit elektrischen Leitungen und Kontakten versehen und geben nach bestimmten Umdrehungszahlen ein Glockensignal, so daß sie nicht zu jeder Ablesung herausgenommen werden müssen, was die Arbeit sonst sehr zeitraubend macht.

Die Messung mittelst dieser Flügel ist einfach und sehr genau! Bei Flüssen ist es auch die einzig anwendbare Methode. Man hat hierbei das Flußprofil in eine Anzahl Felder nach Breite und vielleicht auch Tiefe gemäß Fig. 7 einzuteilen und dann in jedem Felde die betreffende

Geschwindigkeit festzustellen. Aus diesen kann dann das arithmetische Mittel bestimmt und mit dem ganzen Flußquerschnitt multipliziert werden,

woraus sich genügend genau die Wassermenge pro Sekunde ergibt. Die Messungen müssen bei größeren Flüssen jedoch rasch aufeinander oder an mehreren Stellen gleichzeitig erfolgen, da sich häufig

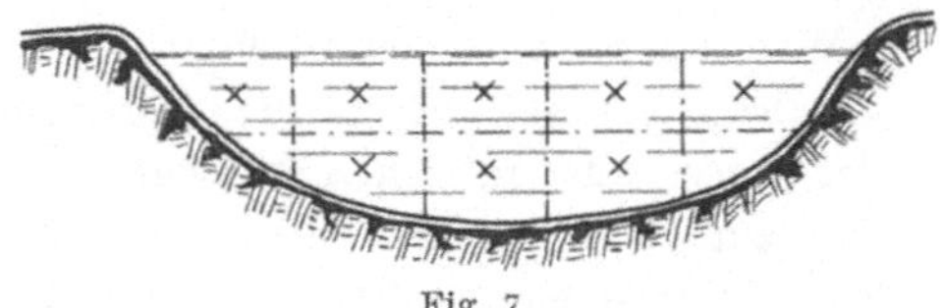

Fig. 7.

die Geschwindigkeiten an den einzelnen Punkten in kurzer Zeit ändern.

§ 4. Wehre und Zuleitungen zu Kraftanlagen.

A. Wehre.

Als solche kommen in Betracht: feste und bewegliche Wehre.

Feste Wehre, d. h. gemauerte Dämme, welche das Gewässer vollständig absperren, kommen nur da in Betracht, wo durchaus keine Hochwassergefahr herrscht, sie sind also selten anzuwenden. Feste Wehre, welche jedoch nicht bis zum normalen Wasserspiegel reichen, sogen. Grundwehre, würden wohl unter Umständen eine Hochwassergefahr ausschließen, jedoch geht durch das beinahe ständig überströmende Wasser viel Arbeit unbenutzt verloren. Man baut deshalb heute fast durchweg: **bewegliche Wehre** oder auch: **feste Wehre mit beweglichem Aufsatz bezw. Zwischensatz.**

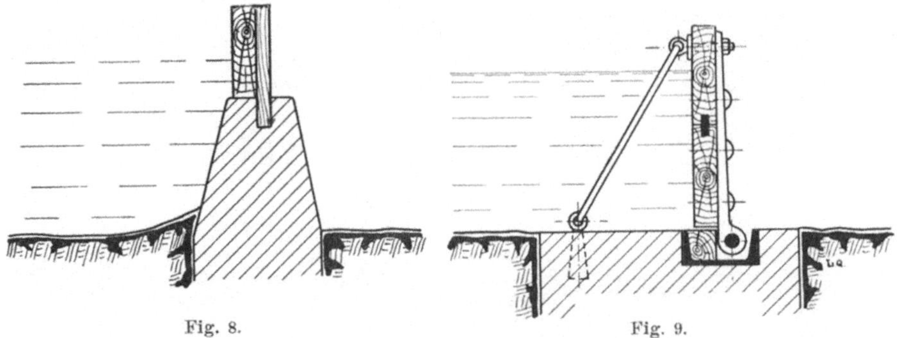

Fig. 8.　　　　　　Fig. 9.

Die denkbar einfachste Konstruktion dürfte Fig. 8 bieten. Auf ein Grundwehr ist ein Aufsatz, bestehend aus Holzbohlen, aufgesetzt, welcher bei Hochwasser von selbt teilweise wegbricht und dann, wenn die Gefahr beseitigt ist, wieder erneuert werden muß. Im Gebirge, wo Holz billig und reichlich ist, wäre eine solche primitive Anlage schon lohnend.

Besser und ebenfalls einfach ist die Konstruktion Fig. 9. Bei Hochwasser werden von einem Laufsteg aus einige Haken gelöst und die betreffenden Tafeln niedergelegt. Hiermit läßt sich schon eine vorzügliche Regulierung des Wasserstandes erzielen.

Größere Anlagen an Flüssen, besonders an solchen, die zur Flößerei, zum Fischfang oder gar zur Schiffahrt dienen, erfordern natürlich vorheriges Studium der betreffenden Verhältnisse! Verallgemeinern läßt sich eine Wehranlage hier nicht. Meist findet man: feste Wehre mit beweglichen Zwischensätzen. Derartige Zwischensätze bestehen dann in der Regel aus aufziehbaren Schützentafeln. Einige derselben dienen hierbei zur Regelung des Wasserstandes, andere sind vielleicht als Floßschleuse ausgebildet. — Ferner wird vielfach ein Überfall vorhanden sein, über welchen ständig eine bestimmte Wassermenge abfließt, damit das anliegende Gelände die nötige Bewässerung erhält. Schließlich sind meist Fischpässe nötig.

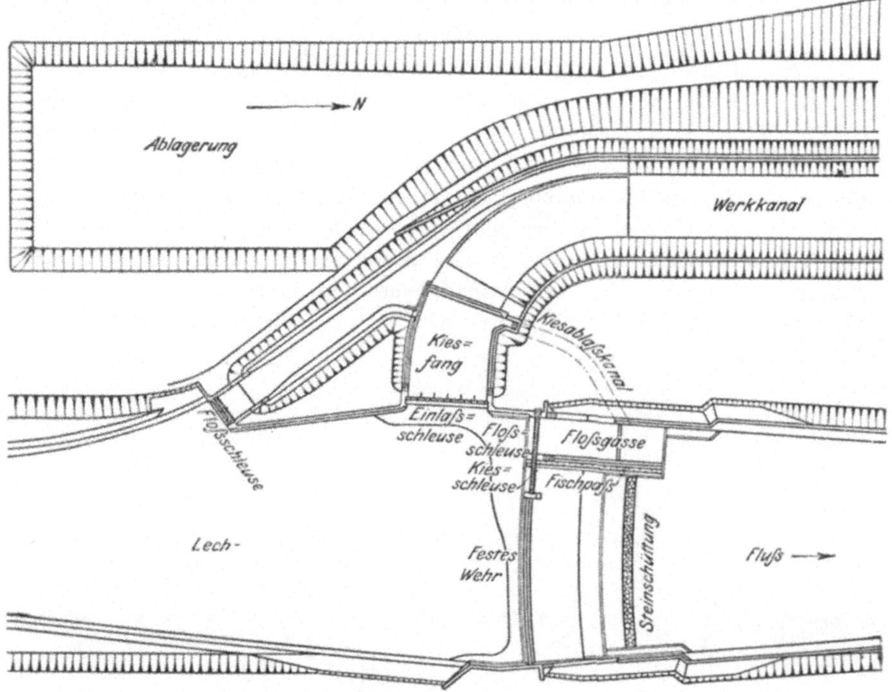

Fig. 10.
Grundriß der Wehranlage zum Elektrizitätswerk Gersthofen a. Lech.
Maßstab 1:2500 d. N.

Eine derartige Anlage ist im Grundriß durch Fig. 10*) dargestellt. Es ist eine Anlage in Gersthofen a. Lech. Das Wehr ist fest und mit Floßschleuse und Fischpaß versehen. Ferner zeigt der Grundriß eines großen neueren Elektrizitätswerkes bei Kykkelsrud a. Glommen (Norwegen) (Fig. 11)**) die Wehranlage, wie sie dort dem Gelände entsprechend aus-

------

*) Nach Meyer, Z. d. V. d. Ing., 1903, S. 1033.
**) Nach Kinbach, Z. d. V. d. Ing., 1904, S. 584.

geführt werden mußte. In Fig. 11 unten befindet sich zur Absperrung der früheren Wasserfälle ein festes Überfallwehr, welches bis zu der im

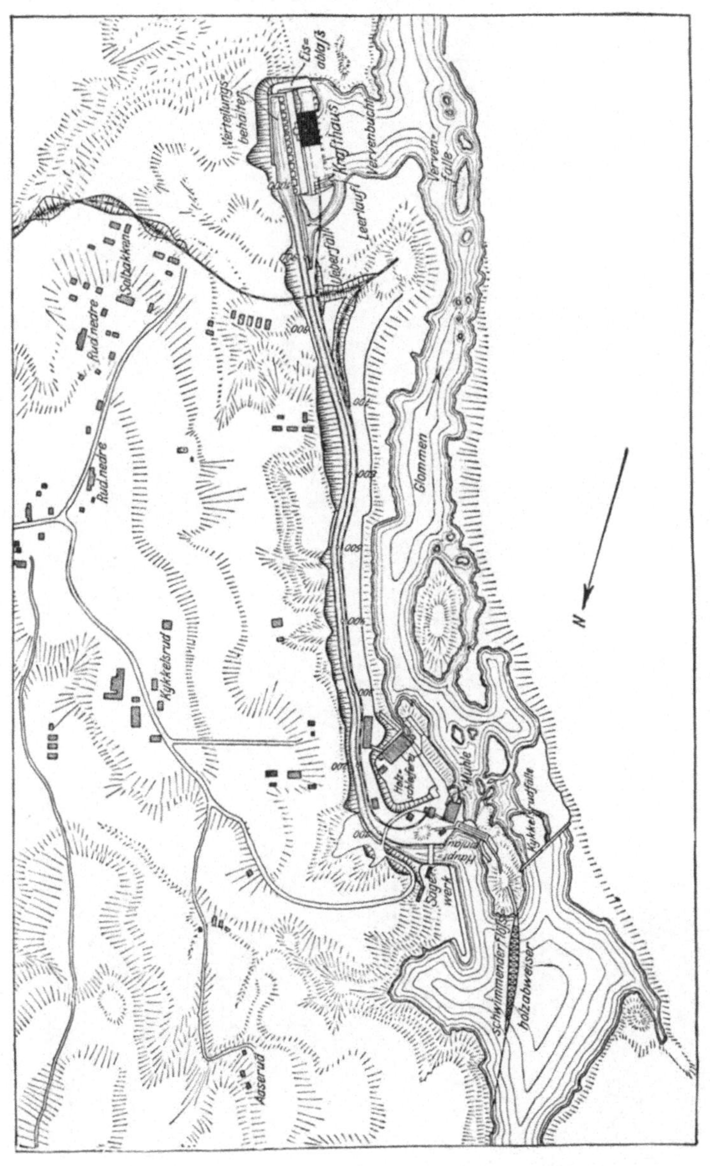

Fig. 11.
Grundriß des Kraftwerkes bei Kykkelsrud a. Glommen (Norwegen).
Maßstab 1 : 10000 d. N.

Flusse liegenden Insel reicht. Der zweite Flußlauf an der alten Mühle ist dagegen durch ein Wehr abgeschlossen, welches eine 15,5 m breite Floßgasse und einen Fischpaß besitzt.

Fig. 12. Schützenwehr, ausgeführt von Gebr. Benckiser (jetzt W. Luig, Illingen).

Schließlich stellt Fig. 12 ein ganz aus Schützen gebildetes Wehr, System Pfarr, dar, welches von Gebr. Benckiser, Pforzheim, ausgeführt wurde. Es ist hier in der Mitte das eigentliche Wehr zu sehen, rechts eine Floßschleuse, links die Einlaßschütze für den Obergraben.

Solche Wehre vermehren natürlich die Gesamtanlagekosten, bieten jedoch die Möglichkeit der besten Ausnutzung der Wasserkraft und der genauesten Regelung des Wasserstandes.

B. Zuleitungen zu Kraftanlagen.

Wie in § 2 erwähnt wurde, soll ein Kanal oder Graben kein größeres Gefälle erhalten, als zur Beibehaltung einer bestimmten Zulaufsgeschwindigkeit c unbedingt notwendig ist.

Letztere ist natürlich auch abhängig von der Bodenbeschaffenheit des Kanals. Sie darf z. B. im höchsten Falle betragen:

$$c \leqq 0,1 \text{ m/sek. bei schlammiger Erde,}$$
$$c \leqq 0,25 \quad \text{„} \quad \text{„ toniger Erde,}$$
$$c \leqq 0,6 \quad \text{„} \quad \text{„ Sand mit Ton,}$$
$$c \leqq 1,25 \quad \text{„} \quad \text{„ Kiesbettung,}$$
$$c \leqq \text{beliebig} \quad \text{„ gemauertem Boden.}$$

Man wählt jedoch zur Vermeidung von Gefällverlust auch bei glattesten Wandungen zweckmäßig nie mehr als:

$$\boldsymbol{c \leqq 1 \text{ m/sek.}}$$

Zur Erzeugung dieser, bezw. der gewählten Geschwindigkeit c muß nun der Wasserlauf ein gewisses Gefälle erhalten, welches zweckmäßig dann auch der Kanalsohle gegeben wird. Nach Angabe von Prof. Pfarr, Darmstadt, ist die genaueste Berechnung dieses Gefälles durch folgende (Bazinsche) Formel zu erzielen:

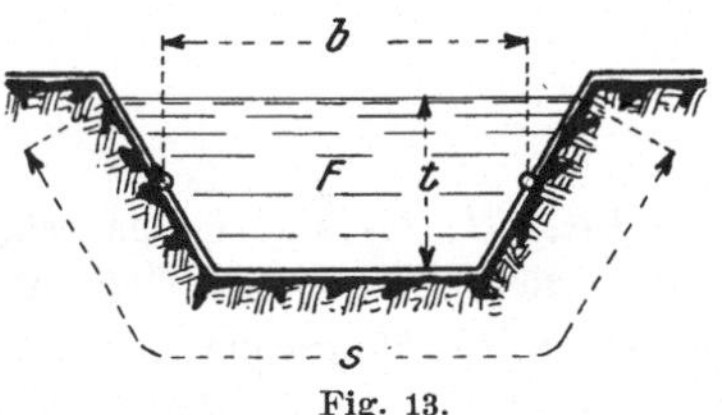

Fig. 13.

$$h\, {}^0/_{00} = \alpha \cdot \left(1 + \beta \cdot \frac{s}{F}\right) \cdot \frac{s}{F} \cdot c^2.$$

Die Gefällhöhe h in Metern bezieht sich also auf 1000 m Grabenlänge. — s ist der sogen. benetzte Umfang in Metern (s. Fig. 13). — F ist der Querschnitt des Wasserlaufes in Quadratmetern. Die Koeffizienten sind:

	α	β
Für glatteste Wandungen	0,15	0,03
„ behauene Steine	0,19	0,07
„ Bruchsteine	0,24	0,25
„ Kiesbettung	0,28	1,25

Aus der Formel ersieht man, daß das zu gebende Gefälle vor allem von der Geschwindigkeit c abhängt, d. h. im Quadrate derselben wächst.

Dann aber ist der Bodenbeschaffenheit des Kanals wegen der Reibung an den Wandungen durch die Koeffizienten α und β Rechnung zu tragen, und ferner spielt das Verhätnis $\frac{s}{F}$ eine Rolle. Ein solcher Kanal wäre also hier am günstigsten, bei welchem $\frac{s}{F}$ den kleinsten Wert annimmt. — Zur Wasserführung wäre demnach ein gemauerter glatter Kanal mit halbrundem Profil am zweckmäßigsten, ein Profil, welches aber nur bei kleinen Kanälen anzuwenden ist. Meist wird man Trapezquerschnitt ausführen und es wäre hierbei wiederum darauf zu sehen, daß $\frac{s}{F}$ den kleinsten Wert annimmt. Dies wird erreicht, wenn die Tiefe t gleich der halben mittleren Breite b gewählt wird (s. Fig. 15), wie sich durch Rechnungsbeispiele leicht nachweisen läßt.

Das Verhältnis $\frac{s}{F}$ beträgt:

bei rechteckigem Querschnitt (Fig. 14) $\frac{s}{F} = \frac{1}{t} + \frac{2}{b}$,

„ trapezförmigem „ (Fig. 15) $\frac{s}{F} = \frac{1}{t} + \frac{1,82}{b}$.

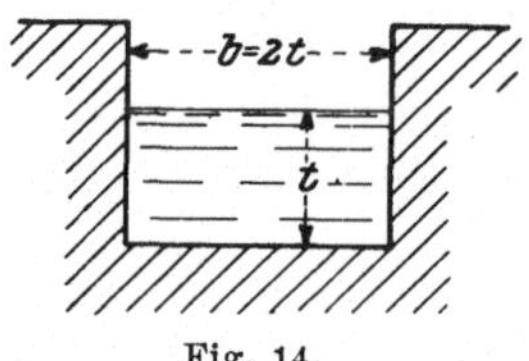

Fig. 14.

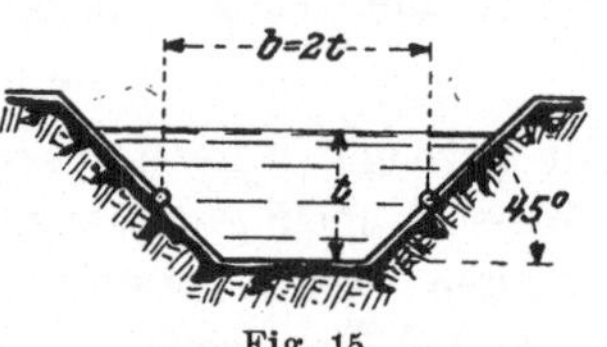

Fig. 15.

Beispiel: Es sind 6 cbm/sek. Wasser in einem Obergraben von $2^{1}/_{2}$ km Länge zu führen. — Welche Gefällhöhe wird zu dieser Wasserführung verbraucht, wenn günstigster Trapezquerschnitt von $t = \frac{b}{2}$ angenommen wird und die Wassergeschwindigkeit $c = 0,8$ m/sek. durchschnittlich betragen soll? Der Kanal erhält Kiesbettung. Es wäre:

$$F = \frac{6}{0,8} = 7,5 \text{ qm.}$$

Da $t = \frac{b}{2}$ sein soll, so wird $F = t \cdot b = \frac{b^2}{2}$ (s. Fig. 15) und $b = \sqrt{2 \cdot F} = \sqrt{15} = 3,9$ m, somit $t = 1,95$ m.

Nun ist $\frac{s}{F} = \frac{1}{t} + \frac{1,82}{b} = \frac{1}{1,95} + \frac{1,82}{3,9} = 0,98$.

Ferner ist aus der Tabelle $\alpha = 0,28$ und $\beta = 1,25$, also:

$$h^{0}/_{00} = 0,28 \; (1 + 1,25 \cdot 0,98) \cdot 0,98 \cdot 0,8^2 = 0,4 \text{ m.}$$

Auf die ganze Obergrabenlänge von $2^{1}/_{2}$ km gehen also ca. 1 m an Gefälle verloren.

Vielfach ist jedoch das Grabenprofil allein vom Gelände abhängig. Die Fig. 16, 17 und 18*) zeigen z. B. verschiedene Schnitte

---

*) Nach Reichel, Z. d. V. d. Ing. 1900, S. 1350.

durch den Obergraben einer Wasserkraftanlage in Jajce, Bosnien. Der
3 km lange Kanal ist teils als Tunnel (Fig. 16), teils in Felsen einge-
sprengt (Fig. 17) und teils als Holzgerinne, welches auf Mauerwerk oder
Pfostenwerk ruht (Fig. 18), ausgeführt. (Benetzter Querschnitt 1,5 . 4 m.)

Ähnlich wie hier muß natürlich in allen Fällen, wo lange Gräben
durch gebirgiges Gelände zu führen sind, das Profil sich ganz den Umständen anpassen. Bei der in Fig. 11 im Grundriß
dargestellten norwegischen Anlage hat beispielsweise
der Kanal größtenteils den in Fig. 19 dargestellten

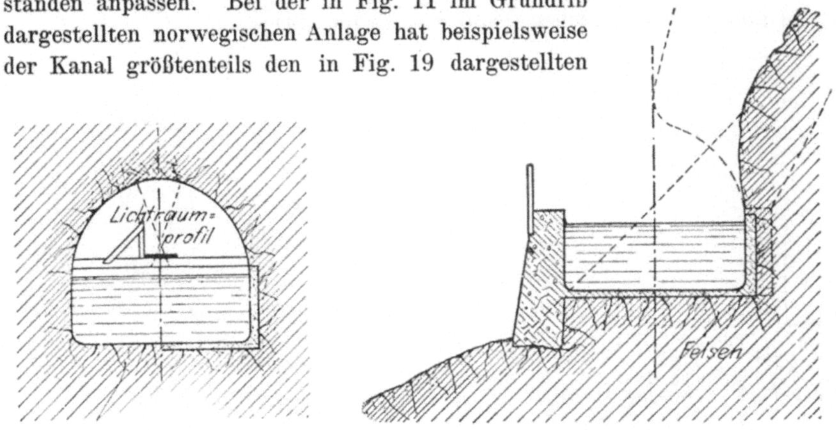

Fig. 16.   Fig. 17.

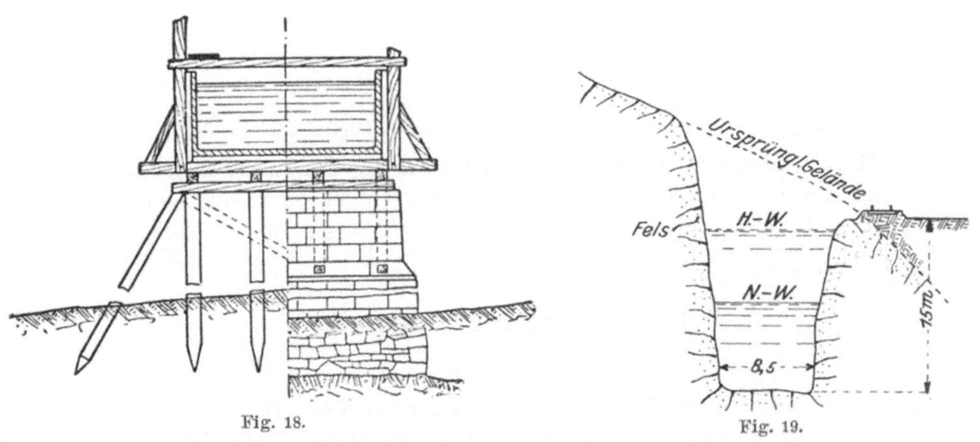

Fig. 18.   Fig. 19.

Querschnitt. Er ist in das abfallende Felsengelände vollkommen einge-
sprengt und erhielt daher die Gestalt eines stehenden Rechteckes, wobei
zur Verringerung der Herstellungkosten ein so kleiner Querschnitt gewählt wurde, daß das Wasser mit der unverhältnismäßig hohen Geschwindigkeit von 2,5—3 m/sek. hindurchfließen muß, wodurch natürlich viel
Gefälle verloren geht.

Sind größere Gefälle ($H \geq$ 10—12 m) vorhanden, so muß an Stelle des offenen Kanals eine Rohrleitung treten. Eine solche ist in Fig. 20*) dargestellt. Das Rohr ist mit Kompensationsstück versehen und auf Rollen gelagert, damit Ausdehnungen möglich sind. Die feste Unterstützung geschieht im Sockel des Maschinenhauses und oben am Einlauf, dem sogen. Wasserschloß. Letzteres zeigt die übliche Ausrüstung durch Schütze, Rechen und Kiesfang. Bei größeren Anlagen werden das Einlaufbecken sowie alle dort befindlichen Teile zweckmäßig überdacht.

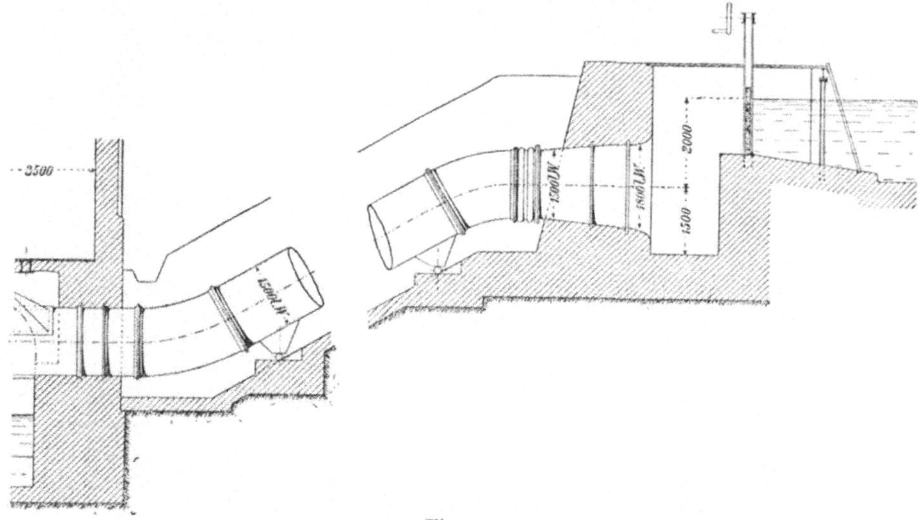

Fig. 20.

Am Ende des Rohres, unmittelbar an der Turbine, ist bei großen Gefällhöhen eine Art Sicherheitsventil erforderlich, welches bei plötzlichem Abstellen der Turbine das Wasser vorübergehend ausströmen läßt, damit nicht durch den plötzlich auftretenden Wasserstoß ein Rohrbruch entsteht.

§ 5. Schützen und Rechen.

A. Schützen.

Als aufziehbares Wehr für Wasserkraftanlagen benutzt man die Schütze. Die ältere Ausführung bestand aus einer Holztafel, die in einem Gerüste durch einen hölzernen Windebaum auf- und abbewegt wurde. Neuere Schützen, wie eine solche in Fig. 21, 22, 23 z. B. dargestellt ist, bestehen aus einem kräftigen Gerüste aus Walzeisen, welches vor allem eine gute Führung der Tafel gestatten muß. Die Tafel ist meist aus starken, mit Nut und Feder gedichteten Holzbohlen zusammengesetzt.

---

*) Nach Pfarr, Z. d. V. d. Ing. 1897, S. 798.

Zum Aufwinden dienen in der Regel 2 Zahnstangen, die durch Zahnritzel und Schneckengetriebe angetrieben werden wie Figur zeigt.

Vielfach wird der Antrieb auch durch 2 Schneckengetriebe nach Art der Fig. 24 bewirkt. Es heben sich bei dieser Anordnung die Achsial-

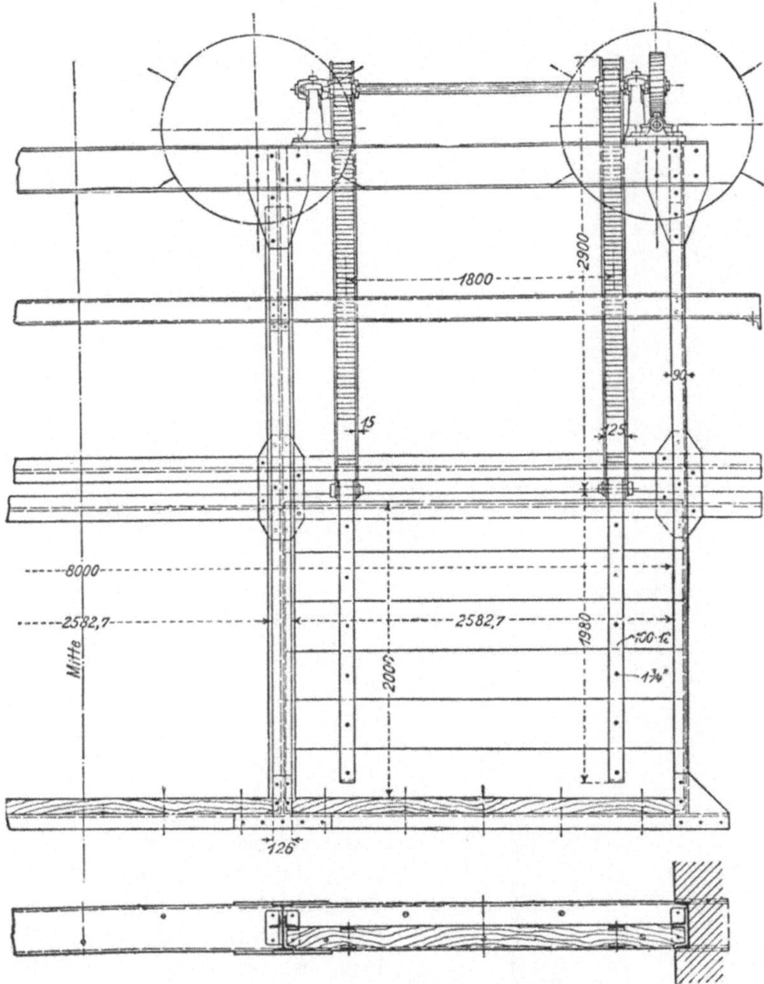

Fig. 21 und 22.

Haupt-Einlass-Schütze von 3 Tafeln zur Kraftanlage Jajce, Bosnien. Erbaut von Ganz & Co., Budapest. (Seitenriß umseitig Fig. 23.)

drucke infolge der links- bezw. rechtsgängigen Schnecken gegenseitig auf, so daß das sonst erforderliche Spurlager wegfällt. Die Zahnstange besteht in der Regel aus Flacheisen mit eingenieteten Bolzen, wie Fig. 25 angibt. Die Verzahnung ist also als sogen. Triebstockverzahnung auszuführen

Zur Berechnung einer Schütze muß das Belastungsschema der Tafel zunächst aufgetragen werden, wie in Fig. 26 dargestellt ist. Steht das Wasser hinter derselben h m hoch, so wäre der Druck auf den untersten Punkt der Tafel ebenfalls gleich h in Meter Wassersäule. Der Gesamtdruck P in horizontaler Richtung gegen die Tafel ergibt sich alsdann aus dem Inhalte des gleichschenkeligen Dreiecks und der Tafelbreite b in Meter zu

$$P = 1000 \cdot \left(\frac{h^2}{2} \cdot b \right) \; kg.$$

Will man die Bohlen berechnen, so ist zu beachten,

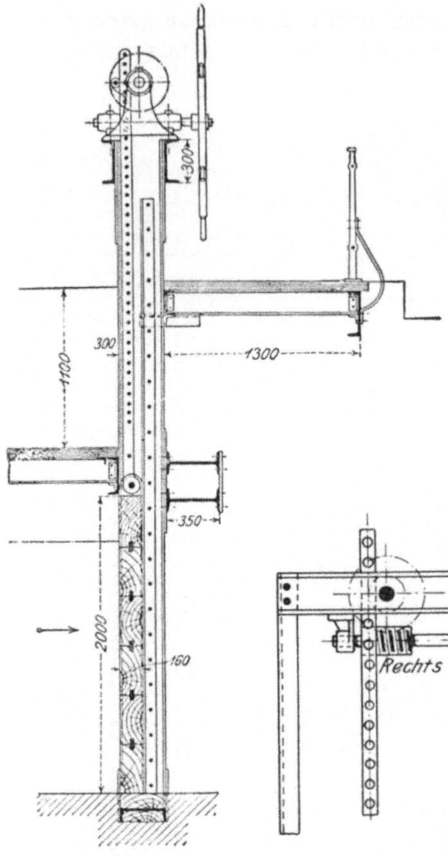

Fig. 23.

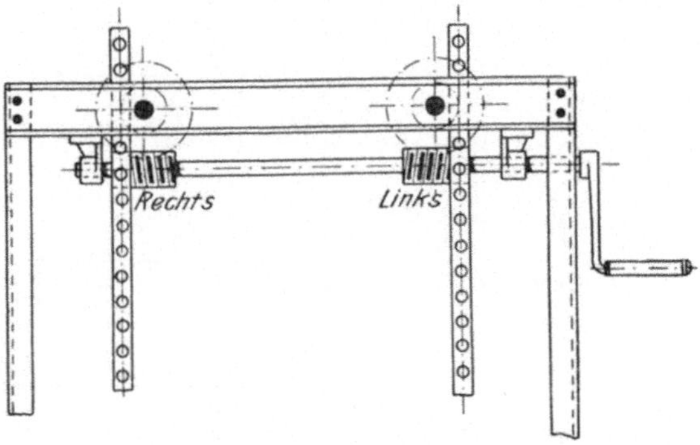

Fig. 24.

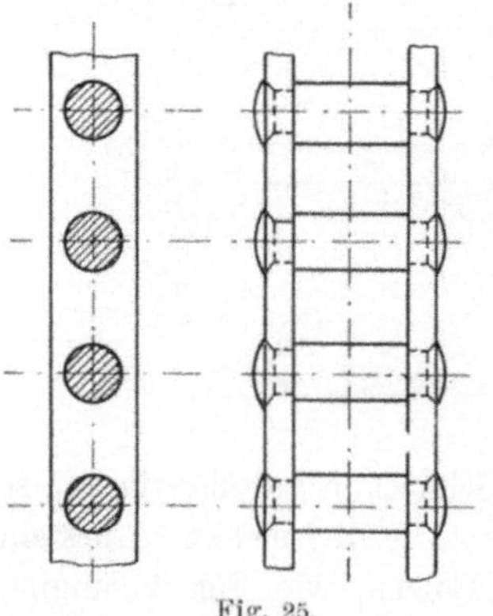

Fig. 25.

daß die unterste natürlich am stärksten belastet ist und demnach allein auf Biegung mit gleichmäßig verteilter Last (s. Fig. 26) zu berechnen wäre. Bei hohen Tafeln kann man dann die obersten Bohlen schwächer halten.

Bei Berechnung der Schützenzüge ist besonders die Reibung der Tafel in der Führung in Rücksicht zu ziehen. Man muß dabei beachten, daß die Konstruktion allen Witterungseinflüssen ausgesetzt ist, so daß man einen hohen Reibungskoeffizienten $\mu = 0{,}3 — 0{,}5$ annehmen muß. Da beim Ablassen, wenigstens gegen Ende der Bewegung, sowohl dieser Reibungswiderstand wie auch der Auftrieb zu überwinden sind, so müssen die Zahnstangen wegen ihrer großen Länge auf Knickung berechnet werden, und zwar mit einer Belastung

$$Q = \mu \cdot P + \text{Auftrieb} - \text{Tafelgewicht.}$$

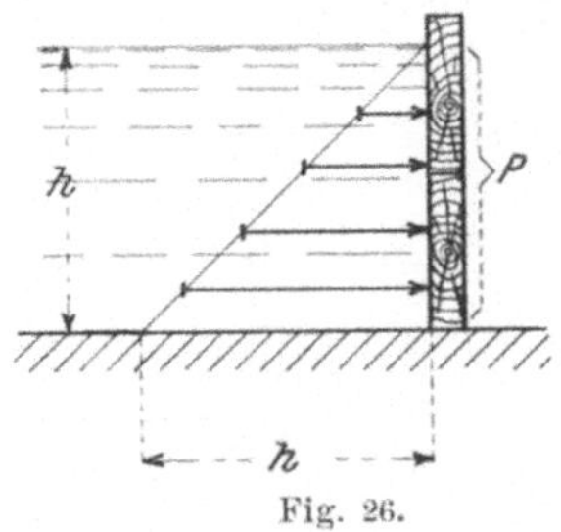

Fig. 26.

Dabei sind außerdem die ungünstigsten Umstände ins Auge zu fassen, da durch geringe Steigerung der Höhe h die Belastung P eine bedeutende Änderung erfahren kann.

Beispiel: Bei Normalwasser betrage $h = 1{,}7$ m. — Das ergibt bei 3 m Tafelbreite einen Horizontaldruck von:

$$P = 1000 \cdot \left(\frac{1{,}7^2}{2} \cdot 3 \right) = 4320 \text{ kg.}$$

Steigt bei Hochwasser jedoch der Wasserspiegel nur um 1 m an, so wird nun:

$$P = 1000 \cdot \left(\frac{2{,}7^2}{2} \cdot 3 \right) = 12\,100 \text{ kg,}$$

d. h. ungefähr 3 mal so groß, als vorhin!

Rechnet man nun eine Bohlenstärke von 16 cm, so würde ein Auftrieb entstehen von:

$$30 \cdot 27 \cdot 1{,}6 \cdot 1 = 1300 \text{ kg,}$$

dem vielleicht ein Eigengewicht der Tafel von 800 kg entgegenwirkt.

Bei $\mu = 0{,}4$ in der Führung ergibt sich somit eine Belastung in beiden Zahnstangen von zusammen:

$$Q = 12\,100 \cdot 0{,}4 + 1300 - 800 = \mathbf{5300 \text{ kg.}}$$

Um bei solchen Verhältnissen keine unnötig hohe Tafel zu erhalten und den Gesamtdruck etwas zu verringern, bringt man vor der eigentlichen Schützentafel eine feststehende Hochwasserschutzwand an, wie Fig. 27 zeigt. Bei herabgelassener Schütze dichtet ein keilartiges Verschlußstück die Trennungsfuge fast vollkommen ab.

Eine derartige große Haupt-Einlaßschütze mit Schutzwand, wie sie für die Anlage zum Elektrizitätswerk Wangen a. Aare ausgeführt wurde, ist in

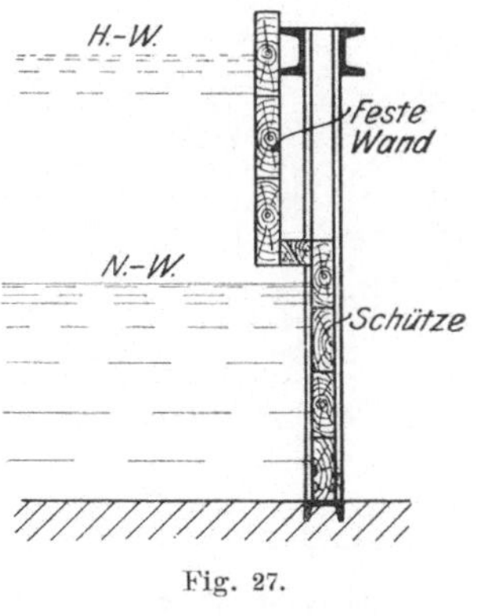

Fig. 27.

Fig. 28*) dargestellt. Die Tafeln bestehen hier aus versteiften Blechwänden und sind wegen ihrer Schwere zweiteilig gemacht. Es wird

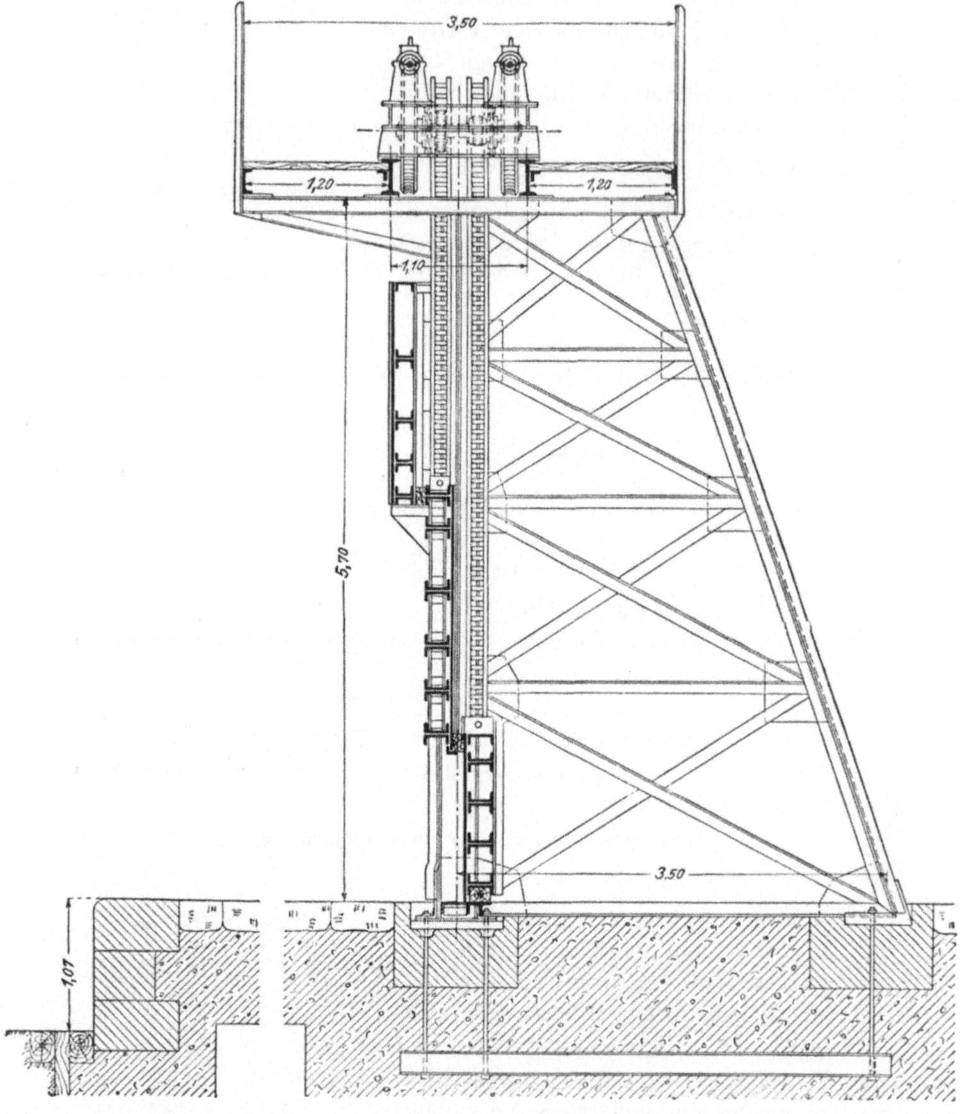

Fig. 28. Haupt-Einlaß-Schütze beim Elektrizitätswerk Wangen a. Aare.
(5 Tafeln von je 5 m Breite.)

---

*) Nach Meyer, Z. d. V. d. Ing. 1906, S. 720.

jede Tafel für sich durch 2 Zahnstangen bewegt, wie aus der Figur hervorgeht, während die obere Tafel als Schutzwand feststeht.

Eine Gesamtanordnung mehrerer Schützen ist außerdem aus der früheren Fig. 12 zu entnehmen.

Einlaßschützen an der Maschinenkammer selbst müssen so angebracht sein, daß sie leicht erreichbar sind, damit bei Gefahr ein rasches Abstellen möglich ist. Am besten legt man dieselben daher ins Gebäude selbst, oder aber man verlegt ein Handrad zu ihrer Bedienung dorthin, wie dies z. B. aus der späteren Fig. 90 ersichtlich ist.

B. Rechen.

Wie bei Erläuterung der allgemeinen Anlage Fig. 1 bereits erwähnt wurde, sind bei jeder Wasserführung einige sogen. Rechen erforderlich, welche Verunreinigungen des Wassers fern halten sollen.

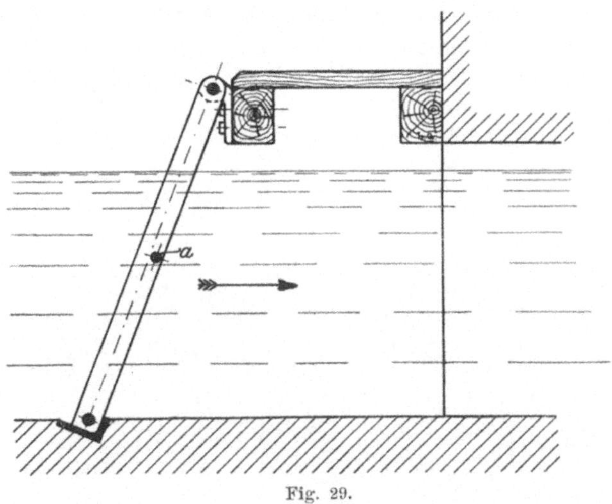

Fig. 29.

Am Einlauf in den Obergraben befindet sich zunächst meist ein Grobrechen oder Eisrechen, welcher Treibholz, Eis und dergleichen abweisen soll. Dieser ist dem Zwecke entsprechend genügend schwer auszuführen und besteht daher vielfach aus Eisenbahnschienen, die im Abstande von 30—50 cm eingerammt sind.

Vor der Turbinenkammer ist ein sogen. Feinrechen erforderlich, welcher aus Flacheisen besteht, wie in Fig. 29 und 30 dargestellt ist. Je nach Beschaffenheit des Wassers wird ein Abstand zwischen den Flacheisen von 100—20 mm herunter gewählt. Die Verbindung der einzelnen Stäbe wird durch Schraubenbolzen hergestellt und der richtige Abstand der einzelnen Maschen gewöhnlich durch Gasrohrstücke gewahrt, wie dies aus Fig. 30 hervorgeht. Alle Zwischenverbindungen, wie z. B.

bei *a*, Fig. 29, müssen einseitig nach unten zu liegen, damit der Rechen mit einem Blechkamm (Fig. 31) geputzt werden kann, was besonders bei engen Rechen häufig zu geschehen hat. Wie wichtig das fortwährende Reinigen ist, geht aus dem Umstande hervor, daß Anlagen,

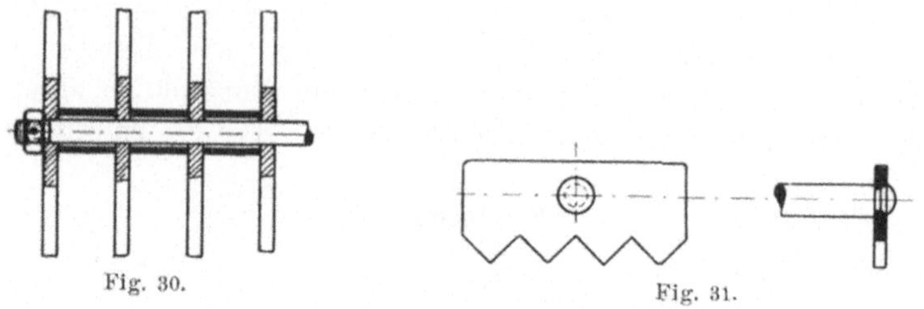

Fig. 30.

Fig. 31.

welchen meist nur verunreinigtes Wasser zur Verfügung steht, manchmal Rechen mit dauernder mechanischer Reinigung erhalten, in einer Ausführung, wie sie z. B. durch Fig. 32 zur Darstellung gebracht ist.

Fig. 32.

Die Berechnung der Rechen hat auf Biegung zu erfolgen, da dieselben sich immerhin zusetzen können und dann eine dichte Wand bilden würden. Die Belastung ist in derselben Weise dann aufzutragen, wie bei den Schützentafeln durch Fig. 26 erläutert war. Rechen von großer Bauhöhe erhalten mit Rücksicht auf diese, unter Umständen sehr große Belastung eine Zwischenkonstruktion, wie in Fig. 33 beispielsweise gezeigt ist. Es ist dies der Feinrechen für die früher erwähnte Kraftanlage in Jajce.

Die Feinrechen werden meist schräg vor die Turbinenkammer, und zwar in einem gewissen Abstande vor der Einlaßschütze, eingebaut,

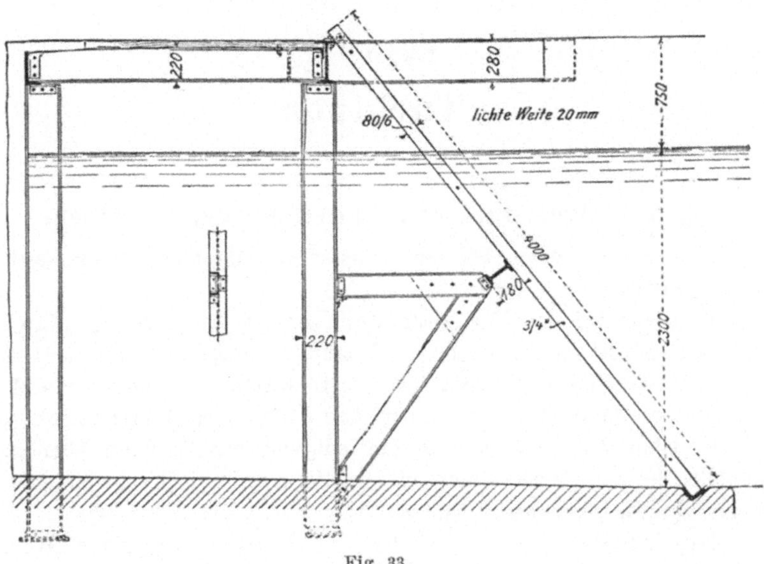

Fig. 33.

wie dies aus der Anlage Fig. 1 hervorgeht. Diese Schrägstellung hat den Zweck, bei Öffnen der Leerlaufschütze dem Wasser die Richtung dorthin zu weisen, wie auch den Rechen bei dieser Gelegenheit von anhängenden Verunreinigungen durch die Spülung zu befreien.

Kapitel II.

Turbinen.

§ 6. Allgemeines und Einteilung der Turbinen.

Man unterscheidet bei den Wasserkraftmaschinen: Wasserräder und Turbinen.

Während bei den Wasserrädern Arbeit hauptsächlich durch das Wassergewicht in den einzelnen Schaufelkammern geleistet wird, indem diese sich im Sinne der Raddrehung fortbewegen, so kommt das Wasser in Turbinen dadurch zur Wirkung, daß es in sogen. Leitradschaufeln eine bestimmte Richtung und Geschwindigkeit erhält, dann aber in den Schaufeln des Laufrades aus dieser Richtung und Geschwindigkeit abgelenkt wird (s. hierüber § 7).

Die Forderungen, welche die Neuzeit an gute Wasserkraftmaschinen stellt, sind nun folgende:

1. Jede gegebene Gefällhöhe (und jede vorhandene Wassermenge) muß ausgenutzt werden können.

2. Die Ausnutzung muß unter hohem Wirkungsgrade erfolgen, und zwar auch bei schwankenden Wasserverhältnissen, damit sich die Anlage in jedem Falle lohnt.

3. Die Welle muß sowohl horizontal wie auch vertikal gelagert werden können, je nachdem es der unmittelbare Anschluß an Triebwerke oder Dynamomaschinen erfordert.

4. Ihre Umdrehungszahl muß sich so hoch wie irgend möglich steigern lassen, damit ein möglichst leichtes Triebwerk erzielt wird.

5. Ihre Umlaufszahl muß gut regulierbar sein, damit sie z. B. zum Betriebe von Elektrizitätswerken in gleicher Weise wie eine Dampfmaschine geeignet sind.

6. Alle ihre wichtigen Teile, besonders die zur Regulierung und Lagerung, müssen gut von allen Seiten zugänglich sein.

Betrachten wir in der Folge die verschiedenen Arten der Wasserkraftmaschinen nach diesen 6 Forderungen hier, so werden wir leicht erkennen, daß einige Turbinen denselben in hohem Maße genügen, daß aber Wasserräder durchaus ungeeignet sind, besonders wegen ihrer Schwerfälligkeit. Sie genügen kaum einem der aufgezählten Punkte. In der Regel haben sie einen schlechten Nutzeffekt; sie sind aber, falls derselbe gesteigert und eine Regulierung angebracht werden soll, teurer als Turbinen.

Einteilung der Turbinen.

Man unterscheidet bei denselben in bezug auf die Richtung der sogen. „Beaufschlagung":

a) Achsialturbinen (Beaufschlagung des Laufrades in Achsenrichtung) (Fig. 34).

b) Radialturbinen (Beaufschlagung des Laufrades in radialer Richtung, Ausfluß jedoch beliebig) (Fig. 35).

In bezug auf die Wirkungsweise des Wassers unterscheidet man dagegen:

1. Reaktions- oder Überdruckturbinen.

2. Freistrahl-, Druck- oder Aktionsturbinen.

1. Die Reaktions- oder Überdruckturbine kann sowohl achsial wie radial beaufschlagt werden, sie unterscheidet sich aber äußerlich von der Strahlturbine stets durch das in das Unterwasser reichende Rohr, das sogen. Saugrohr, durch dessen Anwendung die Lage des Laufrades in

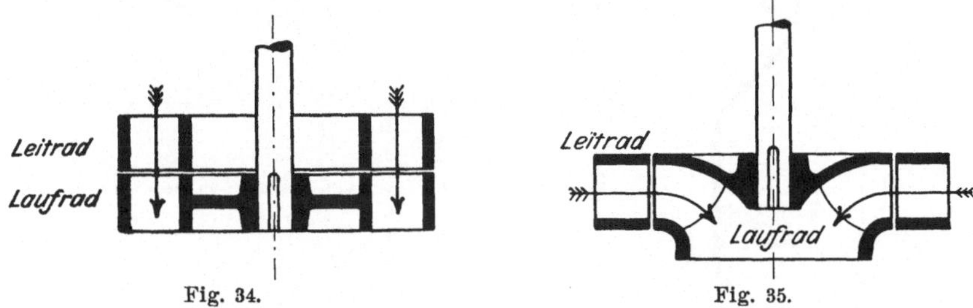

Fig. 34.

Fig. 35.

bezug auf Ober- und Unterwasserspiegel in gewissen Grenzen gleichgültig wird. Fig. 36 und 37 stellen schematisch eine achsiale Reaktionsturbine im Aufriß und Seitenriß dar. Das Wasser füllt hier beim Durchfließen der Turbine alle Querschnitte vollkommen aus. Die Geschwindigkeit w_1, mit welcher es aus den Leitschaufeln strömt, entspricht aber nicht direkt der hier vorhandenen statischen Druckhöhe h_l, sondern sie kann durch Wahl des Austrittsquerschnittes kleiner oder größer, als der Höhe h_l entsprechen würde, angenommen werden (vergl. später § 7 und 11).

Es besteht die Gleichung

$$h_l = \frac{w_1^2}{2g} + h_1,$$

d. h. also: am Spalt zwischen Lauf- und Leitrad tritt eine Überdruckhöhe (hydraulische Druckhöhe) h_1 auf. Letztere kann allerdings durch die Saugrohrwirkung auch negativ werden, so daß dann $w_1 > \sqrt{2g\,h_l}$ wird, wie vorhin erwähnt wurde. Das Wasser, welches also alle Schaufelkammern ausfüllt, tritt nun unter dem gewissen Überdruck (bezw. unter der saugenden Wirkung des Rohres) aus den Laufradschaufeln aus (Fig. 37) und übt hierbei auf diese Schaufeln selbst in entgegengesetzter Richtung

eine Reaktion aus, die mit ihrer in die Drehrichtung des Rades fallen-
den Komponente P als Umfangskraft neben anderen auftretenden Kräften
zur Wirkung kommt. Der Name der Turbine rührt also von dem Über-

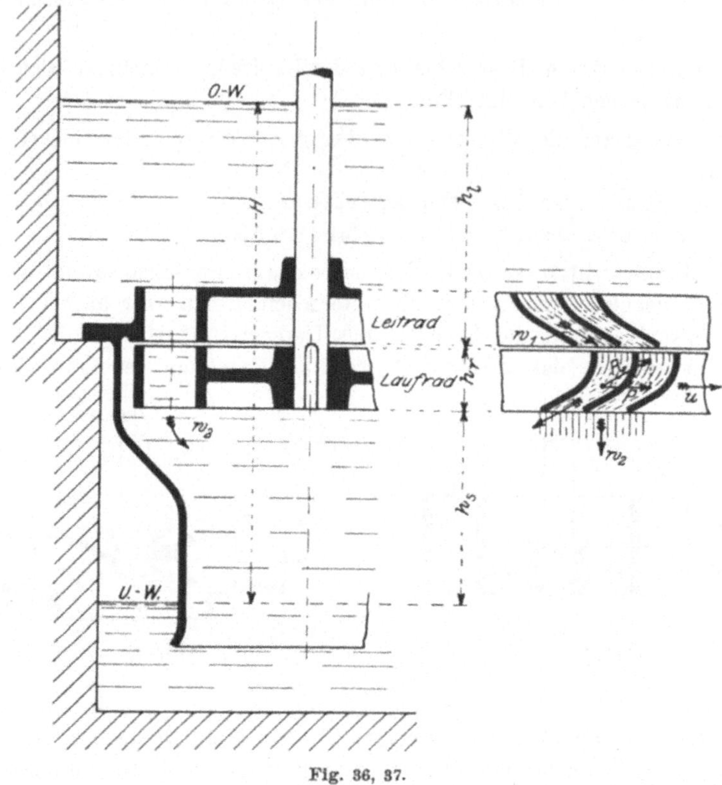

Fig. 36, 37.

druck im Laufrade bezw. von der Reaktion des austretenden Wasserstrahls her.

2. Eine achsiale Freistrahl- oder Druckturbine zeigen die
Fig. 38 und 39. Auch diese Turbine kann jedoch ebenso gut radial beaufschlagt werden. Zum Unterschiede von der erstgenannten Turbinenart
bewegt sich hier das Laufrad frei über dem Unterwasserspiegel,
und zwar darf niemals eine gegenseitige Berührung stattfinden. Das
Wasser strömt hier mit einer der Höhe h_l entsprechenden theoretischen
Geschwindigkeit $w_1 = \sqrt{2\,g\,h_l}$ aus dem Leitrade aus und fließt dann als
freier Strahl, ohne die nächste Schaufelrückwand zu berühren, durch
das Laufrad hindurch. Auf die Schaufeln wird, indem der Strahl mit
großer Geschwindigkeit ihre Krümmung durchfließt, eine Zentrifugalkraft c ausgeübt (s. Fig. 39 und vergl. später § 17), die allein als Umfangskraft zur Wirkung kommt. Die Höhen h_r und h_a, Laufradhöhe und

Höhe des Freihängens, werden nicht mehr verwertet, sondern gehen von der Gefällhöhe H verloren, so daß man sie so klein wie möglich zu machen hat. (Näheres darüber im § 17).

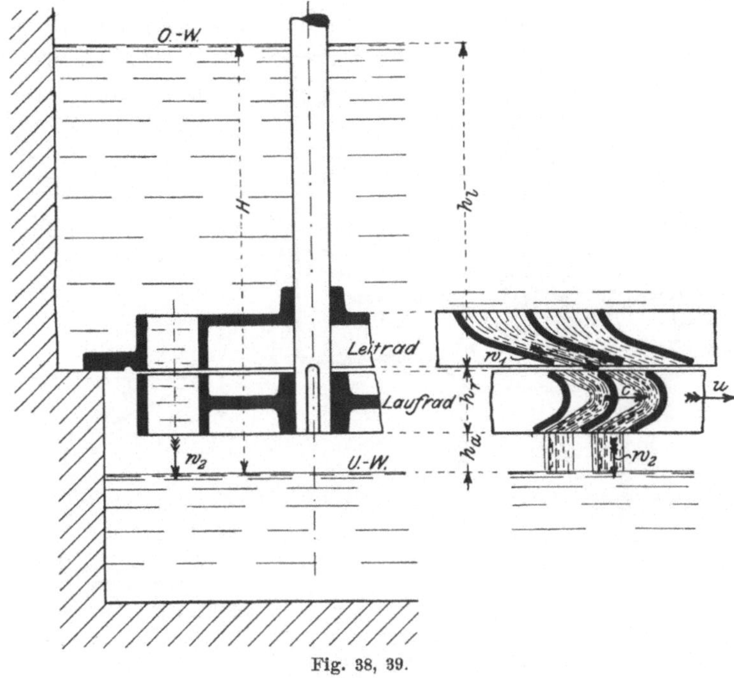

Fig. 38, 39.

§ 7. Bewegung und Arbeitsleistung des Wassers in Reaktionsturbinen.

A. Die Wasserbewegung.

In den Fig. 40 und 41 ist eine radiale Reaktionsturbine (sogen. Francisturbine) im Aufriß und Grundriß schematisch dargestellt. Es soll angenommen werden, daß der Wasserspiegel in dem oberen Kessel (Oberwasserkammer) stets in gleicher Höhe bleibt, daß also fortgesetzt die verbrauchte Wassermenge durch einen seitlichen Zufluß, dessen Geschwindigkeit in der Folge vernachlässigt werden soll, ersetzt wird.

Verfolgt man nun die Wasserbewegung, wie sie in der eigentlichen Turbine, d. h. dem Leitrade sowie dem Laufrade und dem anschließenden Saugrohr vor sich geht, so erkennt man folgendes:

Das Wasser strömt mit einer gewissen Geschwindigkeit w_1*) (vergl. Fig. 40, 41) aus dem Leitrade aus, vor welchem sich das Laufrad mit

---

*) Die Bezeichnungen für die Geschwindigkeiten und Winkel wurden zum besseren Vergleich genau so gewählt, wie dies im Taschenbuch „Hütte" geschehen ist.

der Umfangsgeschwindigkeit u_1 vorbeibewegt. Soll nun der Wasserstrom in die Schaufelkammern des Laufrades stoßfrei eintreten, so müssen an diesem Übergangspunkte drei Geschwindigkeiten (w_1, u_1 und die gesuchte Relativgeschwindigkeit in den Schaufeln v_1) nach den grundlegenden Sätzen der Mechanik zu einem Parallelogramm zusammengesetzt werden. w_1, u_1 und v_1 bilden also ein Geschwindigkeitsparallelogramm, wie es in Fig. 42 dargestellt ist, und dessen Richtungen aus dem Grundriß Fig. 41 entnommen sind.

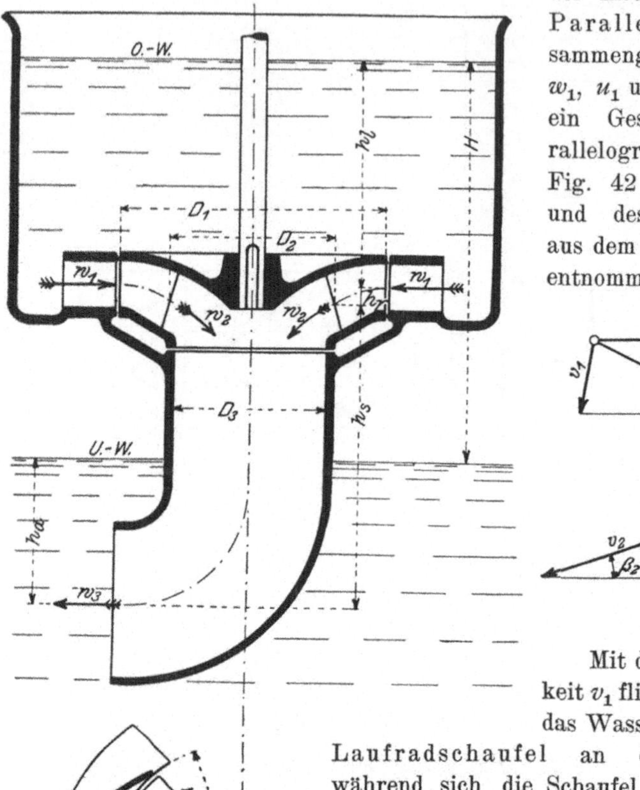

Fig 40, 41.

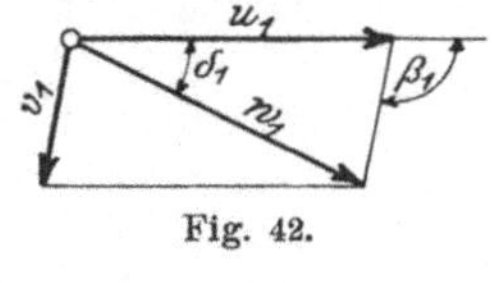

Fig. 42.

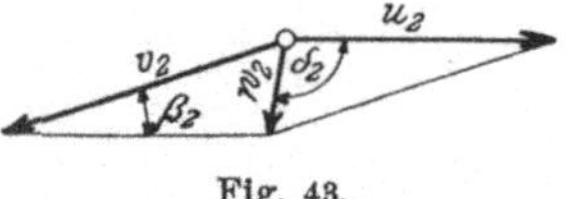

Fig. 43.

Mit der Geschwindigkeit v_1 fließt nun zunächst das Wasser relativ zur Laufradschaufel an dieser entlang, während sich die Schaufel selbst mit der Umfangsgeschwindigkeit u im Sinne der Raddrehung weiterbewegt. Infolge der Querschnittsveränderungen in der Schaufelkammer ändert sich aber v_1 bald und beim Verlassen derselben hat das Wasser eine andere, meist größere Geschwindigkeit, die hier v_2 genannt werden soll.

Am Austritt aus den Laufradschaufeln ergibt sich nun folgendes: Mit der Relativgeschwindigkeit v_2 tritt das Wasser aus der Schaufelkammer aus, während letztere sich an dieser Stelle mit der Umfangsgeschwindigkeit u_2 (vergl. Fig. 41) bewegt. Setzt man diese beiden Geschwindigkeiten wieder zu einem Parallelogramm zusammen, so erhält man schließlich eine Resultierende w_2, wie in Fig. 43 angegeben ist. Mit dieser resultierenden Geschwindigkeit w_2 wird nun das Wasser tatsächlich in das Saugrohr strömen und durch dieses hindurch nach dem Unterwassergraben gelangen. (Weiteres hierüber siehe in § 8.)

B. Die Arbeitsleistung des Wassers.

Wie früher erwähnt, ergibt sich die ideelle Arbeitsleistung des Wassers in der Turbine aus dem Produkte von Wassermenge in Kilogramm pro Sekunde und der nutzbaren Gefällhöhe H in Meter. — Ein Liter Wasser hat also eine Arbeitsfähigkeit oder Energie von der Größe H mkg/sek. — Wird von einer nutzbaren Gefällhöhe H auch ein Teil in Geschwindigkeit umgesetzt, so daß z. B. eine Gleichung auftritt von der Form $H = h + \dfrac{w^2}{2g}$, so bleibt bekanntlich trotzdem die Arbeitsfähigkeit des Wassers die gleiche, denn es würde sich die statische Druckhöhe H zusammensetzen aus einer sogen. Geschwindigkeitshöhe $\dfrac{w^2}{2g}$ und einer hydraulischen Druckhöhe h. Die Arbeitsleistung oder Gesamtenergie für 1 l Wasser würde sich also zusammensetzen aus einer potentiellen Energie h und einer kinetischen Energie $\dfrac{w^2}{2g}$! —

Es soll nun hiernach in folgendem die Arbeitsfähigkeit des Wassers in der Reaktionsturbine (Fig. 40, 41) untersucht werden, zu welchem Zwecke jedoch die Turbine in einzelne Abschnitte zerlegt werden muß, um an allen Stellen die Wechselbeziehungen zwischen Geschwindigkeitshöhen und hydraulischen Druckhöhen erkennen zu lassen.

1. Am Austritt aus dem Leitrade! Hier tritt folgende ideelle Beziehung auf (abgesehen von Reibungs-, Austritts- und Spaltverlusten):

$$\frac{w_1{}^2}{2g} + h_1 = h_l, \qquad\qquad \text{(Gl. 1)}$$

d. h. die Arbeitsfähigkeit von 1 l des aus der Leitradschaufel austretenden Wassers setzt sich zusammen aus der kinetischen Energie $\dfrac{w_1{}^2}{2g}$ und der potentiellen Energie h_1, welch letztere einer hier auftretenden Überdruckhöhe (dem sogen. Spaltdruck) gleich ist, deren schon in § 6 Erwähnung getan wurde. — In ähnlicher Weise ergibt sich weiter bei ausschließlicher Betrachtung des rotierenden Teils (Fig. 44):

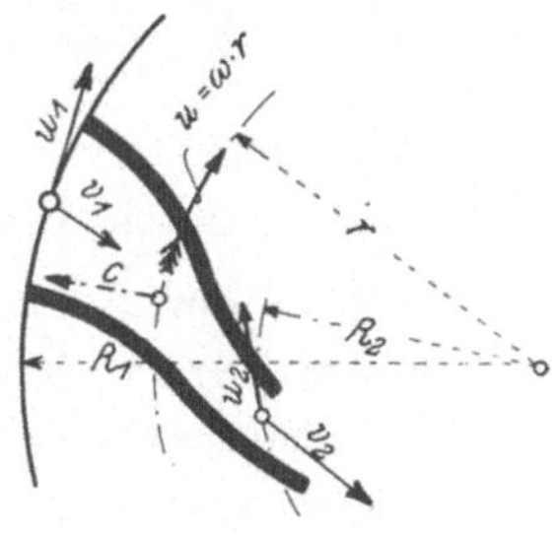

Fig. 44.

2. Am Austritt aus den Laufradschaufeln:

$$\frac{v_2{}^2}{2g} + h_2 = \frac{v_1{}^2}{2g} + h_1 + h_r - \left(\frac{u_1{}^2}{2g} - \frac{u_2{}^2}{2g}\right), \qquad \text{(Gl. 2)}$$

d. h. die Arbeitsfähigkeit des Wassers am Austritt aus den Schaufelkammern $\dfrac{v_2{}^2}{2g} + h_2$ ergibt sich aus der Arbeitsfähigkeit am Eintritt $\dfrac{v_1{}^2}{2g} + h_1$ und aus der durch den Fall um h_r (vergl. Fig. 40) aufgenommenen pot.

Energie, vermindert sich jedoch etwas durch die infolge der Schaufelrotation verloren gehende Energie $\dfrac{u'^2_1 - u^2_2}{2g}$. Dies ist so zu erklären, daß die dem Wasser in der rotierenden Schaufelkammer innewohnende Zentrifugalkraft $c = m \cdot \omega^2 \cdot r$ auf einem Wege $(R_1 - R_2)$ überwunden werden muß (vergl. Fig. 44). Die hierzu erforderliche Arbeit würde also sein:

$$A = m \cdot \omega^2 \cdot r \cdot (R_1 - R_2) \text{ mkg.}$$

Da nun $r = \dfrac{R_1 + R_2}{2}$, und m für 1 l Wasser gleich $\dfrac{1}{g}$ ist, so erhält man

$$A = \frac{\omega^2 \cdot (R_1{}^2 - R_2{}^2)}{2g} = \frac{u_1{}^2 - u_2{}^2}{2g}$$

als zu verrichtende Arbeitsleistung. Bei einer Achsialturbine würde dieselbe gleich Null werden, da hier $R_1 = R_2$ ist, also kein Weg auftritt, auf welchem die Zentrifugalkraft zu überwinden ist.

3. Am Austritt aus dem Saugrohr:

$$\frac{w_3{}^2}{2g} + h_a = \frac{w_2{}^2}{2g} + h_2 + h_s; \qquad\qquad \text{(Gl. 3)}$$

d. h. das Wasser gelangt in das Saugrohr mit der Geschwindigkeit w_2 unter einem Überdruck h_2 und bewegt sich um die Höhe h_s nach abwärts, hierbei die pot. Energie h_s aufnehmend. Man ersieht aus Gleichung 3, daß die Höhe h_2, wie in § 6 erwähnt wurde, sehr leicht negativ werden kann. Dies würde z. B. stets der Fall sein, wenn $w_2 = w_3$ ist und h_a sehr gering wäre.

Addiert man nun die 3 Gleichungen so, daß man die Gesamt-Arbeitsleistung während des ganzen Weges vom Ober- bis zum Unterwasserspiegel erhält, so bekommt man:

$$\frac{w_1{}^2 - w_2{}^2 - v_1{}^2 + v_2{}^2 + u_1{}^2 - u_2{}^2}{2 \cdot g} = H - \frac{w_3{}^2}{2 \cdot g}. \qquad \text{(Gl. 4)}$$

Die rechte Seite stellt alsdann dar, was von der gesamten Arbeitsfähigkeit H mkg/sek. eines Liter Wassers ideell ausgenutzt wurde, denn die kinetische Energie $\dfrac{w_3{}^2}{2g}$ geht natürlich verloren.

Zur Berücksichtigung dieses Verlustes, wie nun auch aller Leitungs-, Reibungsverluste usw. führt man einen Koeffizienten ε ein, den sogen. „hydraulischen Wirkungsgrad“ der Turbine. Derselbe ist nur durch Versuche zu bestimmen und kann im Durchschnitt (bei der Reaktionsturbine, um welche es sich hier handelt):

$$\varepsilon = 0{,}8$$

gesetzt werden.

Alsdann wird die effektive Ausnutzung der verfügbaren Arbeitsleistung in der Turbine dargestellt durch:

$$\frac{u_1{}^2 + w_1{}^2 - v_1{}^2 - (u_2{}^2 + w_2{}^2 - v_2{}^2)}{2 \cdot g} = \varepsilon \cdot H. \qquad \text{(Gl. 5)}$$

Nun ist aber nach dem Kosinussatze:

$$v_1{}^2 = w_1{}^2 + u_1{}^2 - 2\,w_1 \cdot u_1 \cdot \cos \delta_1 \quad \text{(s. Fig. 42)}$$

und
$$v_2{}^2 = w_2{}^2 + u_2{}^2 - 2\,w_2 \cdot u_2 \cdot \cos \delta_2 \quad \text{(s. Fig. 43)}.$$

Setzt man beides in Gleichung 5 ein, so erhält man

$$w_1 \cdot u_1 \cdot \cos \delta_1 - w_2 \cdot u_2 \cdot \cos \delta_2 = \varepsilon \cdot g \cdot H \qquad \text{(Gl. 6)}$$

als **allgemeine Arbeitsgleichung für Turbinen.**

Diese Gleichung läßt sich jedoch noch weiter vereinfachen. Vielfach steht $u_2 \perp w_2$ (s. später § 8 B), jedenfalls ist meist $\sphericalangle \delta_2 \sim 90^0$, so daß das zweite Glied der Gleichung 6 in der Regel vernachlässigt werden kann. Man erhält somit:

$$\boldsymbol{w_1 \cdot u_1 \cdot \cos \delta_1 = \varepsilon \cdot g \cdot H.} \qquad \textbf{(Hauptgl. I)}$$

Da außerdem, wie aus Fig. 42 entwickelt werden kann:

$$w_1 = \frac{u_1 \cdot \sin \beta_1}{\sin \cdot (\beta_1 - \delta_1)},$$

so ergibt sich ferner:

$$\boldsymbol{u_1 = \sqrt{\varepsilon} \cdot \sqrt{g \cdot H \cdot \frac{\sin(\beta_1 - \delta_1)}{\sin \beta_1 \cdot \cos \delta_1}}.} \qquad \textbf{(Hauptgl. II)}$$

Diese beiden Hauptgleichungen müssen nun bei der Berechnung einer Reaktionsturbine erfüllt werden, und zwar durch Wahl der Schaufelwinkel bezw. der Geschwindigkeiten oder der Radquerschnitte, wie im folgenden Paragraphen näher ausgeführt werden soll.

§ 8. Wahl der Schaufelwinkel, Geschwindigkeiten usw. bei Reaktionsturbinen.

A. Am Leitradaustritt bezw. Eintritt ins Laufrad.

Man nimmt bei „normallaufenden" Reaktionsturbinen den $\sphericalangle \beta_1 = 90^0$, d. h. also die Schaufel des Laufrades beim Eintritt senkrecht zum Kranze bezw. radial stehend, wie in den Fig. 45 und 46 dargestellt ist. Es sind in diesen Figuren der Einfachheit halber die oberen Begrenzungslinien des Kranzes horizontal als gerade Linien gezeichnet. Man behält diese Darstellungsweise, wie später im Berechnungsbeispiel § 11 gezeigt wird, auch bei Radialturbinen, also bei gebogenem Kranze bei und muß nur, wie dort hervorgeht, in Rechnung und Konstruktion diesem Umstande nachher Rechnung tragen.

Es sei also $\beta_1 = 90^0$ gewählt!

Die beiden Hauptgleichungen I und II müssen nun erfüllt werden. Setzt man jedoch für $\beta_1 = 90^0$, so erhält man $w_1 = \dfrac{u_1}{\cos \delta_1}$, und dies in Gleichung I eingesetzt, ergibt:

$$u_1 = \sqrt{\varepsilon} \cdot \sqrt{g \cdot H}. \qquad \text{(Gl. I)}$$

Setzt man ferner in Gleichung II für $\beta_1 = 90^0$, so erhält man wiederum:

$$u_1 = \sqrt{\varepsilon} \cdot \sqrt{g \cdot H}. \qquad \text{(Gl. II)}$$

Man erkennt also, daß bei Wahl dieser Winkelgröße und Schaufelrichtung beide Hauptgleichungen zu einer einzigen zusammenfallen, die nun allein maßgebend für die Berechnung der normalen Turbinen ist.

Die **Hauptgleichung** lautet demnach, da $\varepsilon = 0{,}8$ gesetzt war:

$$\boldsymbol{u_1 = 0{,}88 \cdot \sqrt{g \cdot H}.}$$

Bei einem angenommenen Laufraddurchmesser D_1 (s. § 11 b) erhält man somit die Umdrehungszahl der normalen Turbine zu

$$n = \frac{u_1 \cdot 60}{D_1 \cdot \pi} \text{ pro Minute.}$$

Eine Steigerung dieser Umdrehungszahl könnte erzielt werden durch Wahl eines möglichst kleinen Laufraddurchmessers (s. § 10, Schnellläufer), sowie durch Wahl anderer $\sphericalangle \beta_1$ und δ_1, wobei dann aber wiederum mit den Hauptgl. I und II zu rechnen wäre, da die vereinfachte Gleichung für u_1 ja nur für $\beta_1 = 90^{\,0}$ Geltung hat.

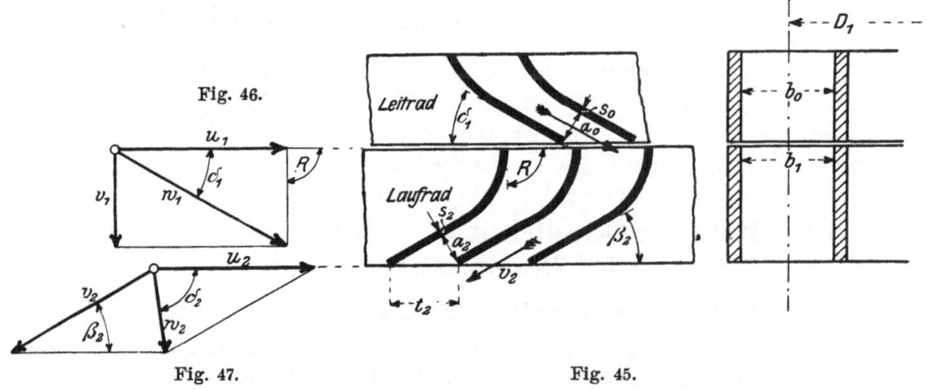

Man wählt nun ferner Schaufelweite a_0, Schaufelstärke s_0 und Schaufelzahl z_0 für das Leitrad (vergl. Fig. 45).

Die Schaufelweite wird gewählt zwischen 40—100 (—200) mm, je nach Größe der Turbine. Zweckmäßig ist die Weite im Leitrade kleiner zu wählen als im Laufrade, damit sich Verunreinigungen größerer Art nicht im Laufrade festsetzen können.

Die Schaufelstärke schwankt zwischen 5—10 mm, je nach Größe. Die Schaufel ist entweder aus Stahlblech gepreßt und in den Kranz eingegossen oder aus Gußeisen, bezw. Stahlguß.

Die Schaufelzahl findet man sehr verschieden. Man wählt dieselbe nur zweckmäßig in Lauf- und Leitrad verschieden groß, damit nicht Wirbel, die vom Zerschneiden des eintretenden Strahles durch das vorbeistreichende Schaufelblech herrühren, am ganzen Umfang zugleich eintreten.

Aus der Schaufelzahl z_0 ergibt sich nun bei gewähltem Laufraddurchmesser D_1 die Teilung t_0 und dann aus t_0, a_0 und s_0 graphisch der $\sphericalangle \delta_1$ (s. Fig. 45). Man kann somit das Geschwindigkeitsparallelogramm aufzeichnen, wie das in Fig. 46 getan ist, und ermittelt daraus graphisch die Geschwindigkeit w_1, mit der das Wasser aus dem Leitrade strömen soll (vergl. Beispiel § 11). Die Breite b_0 des Leitrades erhält man schließlich aus der Gleichung:

$$\text{sekundliche Wassermenge } Q = z_0 \cdot (a_0 \cdot b_0) \cdot w_1.$$

B. Am Austritt aus der Laufradschaufel.

Wie aus § 7 A hervorging, strömt das Wasser mit einer absoluten Geschwindigkeit w_2 in das Saugrohr, nachdem es die Laufradschaufeln verlassen hat. Diese Geschwindigkeit soll dann auf dem weiteren Wege bis zum Unterwasser als gleichbleibend angesehen werden, so daß also auch die früher eingeführte Größe $w_3 = w_2$ gesetzt werden kann. Man wird natürlich darauf sehen, daß diese Geschwindigkeit keinen hohen Wert annimmt, weil die Größe $\dfrac{w_2{}^2}{2\,g}$ ja einen Verlust von der nutzbaren Gefällhöhe H bedeutet. Andererseits soll auch w_2 möglichst radial gerichtet sein, d. h. möglichst $\perp u_2$ stehen, damit unnötige Wirbelbildungen im Saugrohr vermieden werden. Beides zielt auf möglichst kleinen Wert von w_2 hinaus, wie auch aus Fig. 47 zu schließen ist. Jedoch würde eine kleine Geschwindigkeit w_2 einen großen Saugrohrquerschuitt erfordern.

Man nimmt daher zur Erzeugung der Ausflußgeschwindigkeit w_2 einen Verlust an Gefällhöhe von 3—4 (—6)$^0/_0$ an und berechnet hieraus w_2. Sollen z. B. $4^0/_0$ von H für den Abfluß verloren gehen, so wäre

$$w_2 \simeq \sqrt{2\,g \cdot 0{,}04 \cdot H}.$$

Die Umfangsgeschwindigkeit u_2 des Laufrades an dem gewählten Austrittspunkt ergibt sich aus u_1 je nach Lage der Austrittsöffnung zum äußeren Laufraddurchmesser.

Die relative Austrittsgeschwindigkeit v_2, mit der das Wasser aus der Laufradschaufel strömt, wird aus Zweckmäßigkeit meist gleich der Umfangsgeschwindigkeit u_2 gewählt, so daß hier alle 3 Geschwindigkeiten u_2, v_2, w_2 in ihrer Größe festliegen. Man konstruiert alsdann das Geschwindigkeitsparallelogramm Fig. 47 und ermittelt daraus die $\sphericalangle \beta_2$ und δ_2. Wählt man nun noch die Schaufelweite a_2 und Stärke s_2 (siehe unter A), so läßt sich mit Hilfe der graphisch übertragenen Winkel die Schaufelform am Laufradaustritt, wie in Fig. 45 gezeigt ist, aufzeichnen.

Man mißt dann aus der (maßstäbl.) Zeichnung die Schaufelteilung t_2 ab und berechnet schließlich daraus die Schaufelzahl z_2 im Laufrade aus der Gleichung

$$z_2 \cdot t_2 = D_2 \cdot \pi.$$

Näheres hierüber ergibt sich dann später aus dem Berechnungsbeispiel § 11.

§ 9. Arten der Reaktionsturbinen.

Während die älteste überhaupt vorkommende „Turbine" wohl eine Art Strahlturbine gewesen ist, gelangten Reaktionsturbinen zum ersten Male im Anfange des 19. Jahrhunderts zur Ausführung.

Im Jahre 1833 erfand der Franzose Fourneyron die nach ihm genannte Turbine, und zwar baute er sie derart, daß das Laufrad sich ständig im Unterwasser drehte. Er hatte sich zum ersten Male das Reaktionsprinzip zunutze gemacht. Später wurde dann auch die Wirkung des Saugrohrs erkannt und wohl zuerst von den Ingenieuren Henschel und Jonval gleichzeitig in ihren Turbinen verwertet.

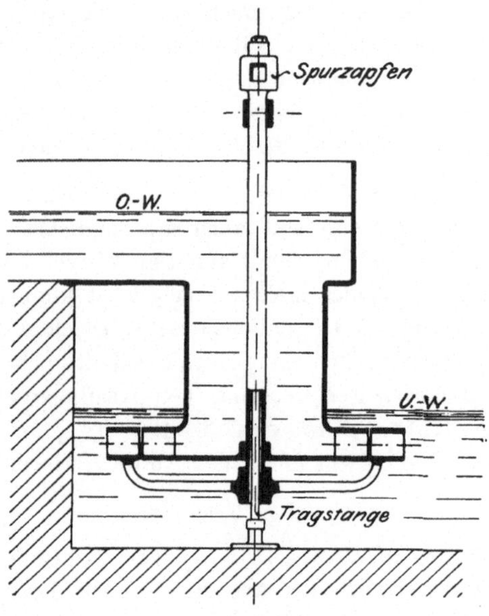

Fig. 48.

Einen weiteren Zuwachs erhielten dann die Reaktionsturbinen durch die Erfindung des Amerikaners Francis im Jahre 1849. Wenn auch in Europa seine Turbine wenig Beachtung fand, so wurde dieselbe doch in seiner Heimat bald geschätzt und wesentlich vervollkommnet, so daß sie in der Neuzeit ihre so große Berühmtheit erlangen konnte.

Außer den Reaktionsturbinen wurden jedoch auch die Strahlturbinen in demselben Zeitabschnitte ungefähr in verschiedenartigster Weise zur Ausführung gebracht. Doch deren sei später im Kap. IV nähere Erwähnung getan.

Die Fig. 48—50 stellen schematisch die wichtigsten Formen der Reaktionsturbinen dar.

Die Fourneyron-Turbine (Fig. 48) ist, wie aus der Anordnung hervorgeht, eine Reaktionsturbine, welche radial, jedoch von innen beaufschlagt wird. Das Leitrad sitzt also im Innern des Laufrades, so daß letzteres dadurch einen verhältnismäßig großen Durchmesser erhält und infolge seiner Lage im Unterwasser unzugänglich wird.

Die Henschel-Jonval-Turbine (Fig. 49) ist eine achsiale Reaktionsturbine, bei welcher durch Anwendung eines Saugrohrs das Laufrad aus dem Unterwasser herausrückt, daher gegenüber der erstgenannten Anordnung zugänglicher wird.

Die Francis-Turbine (Fig. 50) wird von außen beaufschlagt, und zwar, wie die Figur zeigt, wiederum in radialer Richtung, wenn auch das Wasser nach dem Verlassen der Laufradschaufeln oder womöglich in denselben seine Richtung in die achsiale umändern muß.

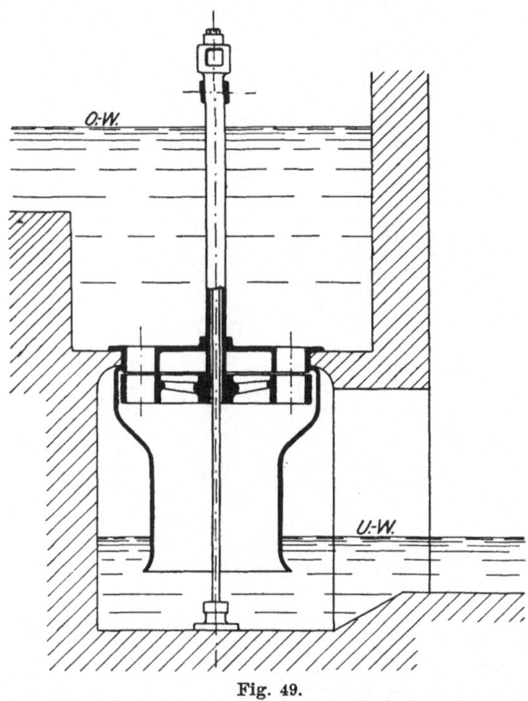

Fig. 49.

Betrachtet man nun diese drei hauptsächlichsten Arten von Reaktionsturbinen hinsichtlich der in § 6 aufgestellten Forderungen der Neuzeit, so ist leicht zu erkennen, daß zunächst die Francis-Turbine, was Zugänglichkeit anbelangt, wohl am günstigsten sein wird. Nach Hochheben des Deckels auf dem Leitrade läßt sich das Laufrad samt Welle hochziehen. Am ungünstigsten stellt sich in dieser Beziehung die Fourneyron-Turbine, da hier nicht allein das Laufrad, sondern auch sogar das Leitrad an unzugänglicher Stelle liegen.

In betreff der Steigerung der Umdrehungszahl wäre diejenige Turbine am vorteilhaftesten, welche den kleinsten Laufraddurchmesser erhalten

kann. Hier ist wiederum die Francis-Turbine am geeignetsten, wie sich
bei Vergleich der Figuren auch erkennen läßt. Ein weiterer Vorteil ist
der, daß sich das Saugrohr bei Francis-Turbinen ohne große Querschnittsveränderungen an das Laufrad anschließt, so daß unnötige Wirbelbildungen
vermieden werden und der Wirkungsgrad sich dadurch höher stellt als bei
den anderen Formen. Schließlich sei noch vorweg der wesentliche Umstand erwähnt, daß sich bei keiner anderen Turbine eine so vollkommene
Regulierung erzielen läßt, als sie bei der Francis-Turbine mit Hilfe der
drehbaren Leitschaufeln möglich wird, wie später im § 14 erläutert
werden soll.

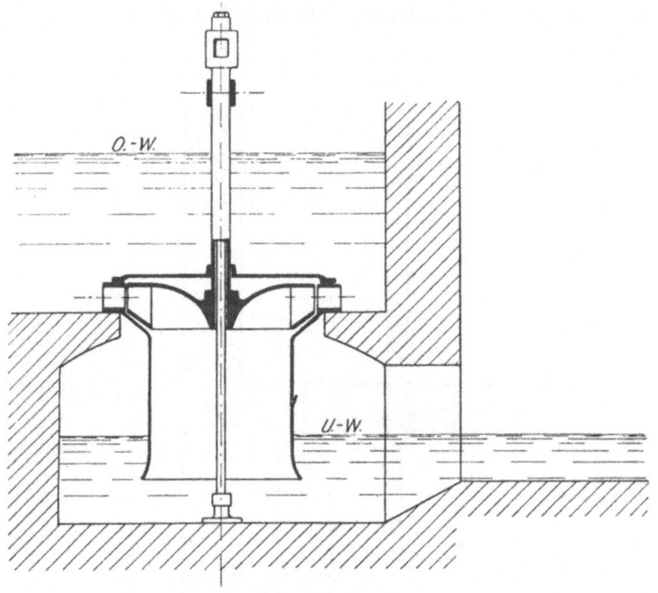

Fig 50.

Berücksichtigt man schließlich noch, daß die Lage der Welle bei der
Francis-Turbine beliebig sein kann, und daß dieselbe für größte Wassermengen und Gefälle von 0,5 m bis herauf zu 120 m in gleich vorteilhafter
Weise angewandt werden kann, so ist wohl erklärlich, daß alle ein-
schlägigen Fabriken fast ausschließlich die Francis-Turbine neben einigen
Strahlturbinen für höchste Gefälle in neuerer Zeit zur Ausführung bringen.
Allerdings sind bei älteren Anlagen noch viele Jonval-Turbinen im Betriebe
zu finden, die sich auch gut bewähren. Neuanlagen werden jedoch kaum
mehr mit solchen Turbinen ausgeführt.

Kapitel III

Francis-Turbinen.

§ 10. Entwicklung ihrer Konstruktionsformen.

Die Entwicklungsformen der Francis-Turbinen von der ursprünglichen Gestaltung, wie sie der Erfinder ihr gab, bis zu der modernsten Aus-

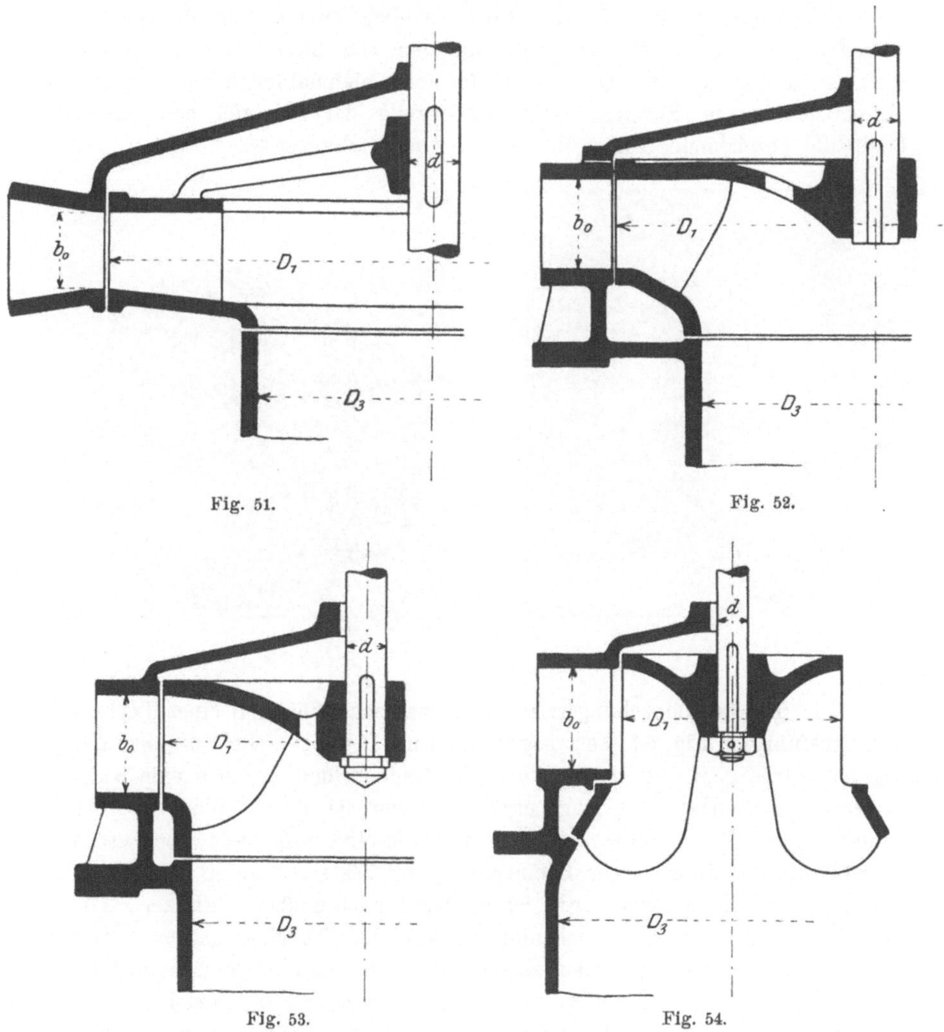

Fig. 51.

Fig. 52.

Fig. 53.

Fig. 54.

führung zeigen die Fig. 51—54. Sie lassen gleichzeitig erkennen, in welcher Weise der Laufraddurchmesser verkleinert worden ist, damit die

Umdrehungszahl der Turbine möglichst hoch werden soll. (Saugrohr D_3 ist überall gleich groß gewählt.)

Die ursprüngliche Form ist in Fig. 51 angedeutet. Das Laufrad besteht aus einem Kranze von nahezu rechteckigem Querschnitt, der durch Arme an die Nabe angeschlossen ist.

Sodann ging man dazu über, beide Kränze im Bogen zu führen, damit das Wasser besser in seine spätere Austrittsrichtung gelenkt wird. Man erhielt dabei die Form Fig. 52, welche bis ungefähr vor 10 Jahren in Deutschland die übliche und beste war.

Die moderne „normallaufende" Francis-Turbine hat die Ausführungsform Fig. 53, und zwar wird dieselbe von allen Fabriken in fast gleicher Gestalt gebaut. Die Schaufelform ist hier natürlich komplizierter als bei den ersten Formen. Die Begrenzung der Schaufel nach innen bildet die gezeichnete Kurve, die sogen. Austrittskurve.

Fig. 55.

Fig. 56.

Die höchste Umdrehungszahl erzielt man schließlich mit einer Turbine nach Ausführung Fig. 54, dem sogen. „Schnelläufer". Im Vergleich mit Fig. 51 würde z. B. ein $^1/_3$ so großer Laufraddurchmesser, also eine 3 mal so große Tourenzahl als dort erzielt werden, ja durch Wahl anderer Winkel β_1 und δ_1 (s. früher § 8) ließe sich dieselbe noch weiter bedeutend vergrößern, allerdings unter Beeinträchtigung des sonst guten Wirkungsgrades. Die Schaufelform wird hier natürlich noch unübersichtlicher. Die Schaufeln selbst hängen taschenförmig aus der Turbine heraus. Der „Schnelläufer" ist in Amerika schon seit vielen Jahren in Anwendung gewesen, bevor er in Europa Eingang fand. Man nannte ihn dort Herkules- oder Samsonturbine, welche Bezeichnungen auch jetzt noch teilweise üblich sind.

Die fertigen Laufräder moderner Francis-Turbinen sind in den Fig. 55 und 56 dargestellt, und zwar zeigt Fig. 55 das Normallaufrad, während Fig. 56 die Form eines Schnelläufers aufweist.

Als Sonderkonstruktion sei außerdem hier die Etagenturbine erwähnt, welche bei großer Wassermenge mitunter Anwendung findet. Es ist hierbei das Laufrad, um ihm die nötige Steifigkeit bei sehr großen Dimensionen zu geben, in einzelne Etagen oder Kammern geteilt, wie dies z. B. in Fig. 57 dargestellt ist. Vielfach werden jedoch neuerdings an Stelle solcher Laufräder mehrere nach Ausführung der Fig. 53 und 54 auf eine gemeinschaftliche Welle gesetzt. Letzteres ergibt die sogen. Zwillings- und Doppelzwillingsanordnung, von welchen später die Rede ist.

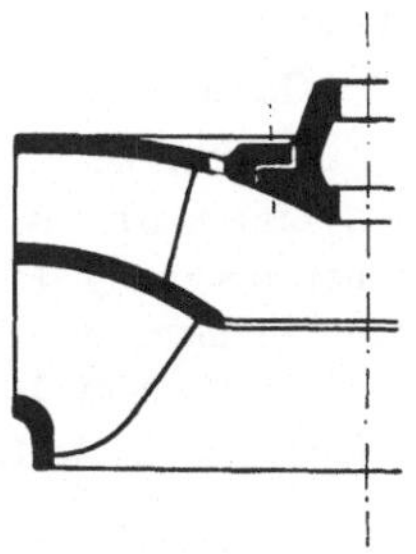

Fig. 57.

§ 11. Berechnung einer Francis-Turbine.

Beispiel: Es ist eine Francis-Turbine nach Bauart Fig. 53 mit senkrechter Welle zu entwerfen für eine mittlere Wassermenge von $Q = 2$ **cbm** pro Sekunde und ein nutzbares Gefälle von $H = 8$ **m**.

Die Umdrehungszahl ist nicht gegeben, sondern es soll ein normales Laufrad gewählt werden. Die Turbine soll außerdem mit Regulierung eingerichtet werden; jedoch soll sie im allgemeinen mit größter Belastung laufen, so daß sie bei dieser, d. h. bei voller Beaufschlagung, ihren größten Nutzeffekt erreichen soll. (Vergl. hierzu die Anmerkung am Schlusse des § 14.)

Bezüglich der Berechnung selbst sei auf die früheren Ausführungen in den §§ 2 sowie 8 verwiesen.

a) Leistung der Turbine.

Überschläglich gerechnet wird die Turbine jedenfalls

$$N_e = 10 \cdot Q \cdot H = 160 \text{ PS.}$$

bei einem Wirkungsgrad von $75\,^0/_0$ leisten. Rechnet man jedoch mit einer vorteilhaften Ausführung derselben, so würde sich der Wirkungsgrad auf 80 (—85) $^0/_0$ stellen, und dann könnte eine effektive Leistung von

$$N_e = 1000 \cdot \frac{2 \cdot 8}{75} \cdot 0{,}8$$

oder

$$N_e = \mathbf{170\ PS.}$$

garantiert werden.

b) Laufraddurchmesser und Umlaufszahl.

Rechnet man, daß für den Wasserabfluß $4\,^0/_0$ der Gefällhöhe verloren gehen soll, so ergibt sich eine Ausflußgeschwindigkeit

$$w_2 \cong \sqrt{2 \cdot g \cdot 0{,}04 \cdot 8} = 2{,}5 \text{ m/sek.}$$

Nimmt man nun an, daß diese Geschwindigkeit des abfließenden Wassers auch während des Durchflusses durch das Saugrohr annähernd beibehalten werden soll, so läßt sich in einfachster Weise der Saugrohrquerschnitt $\frac{D_3{}^2 \cdot \pi}{4}$ berechnen aus der Gleichung

$$Q = \frac{D_3{}^2 \cdot \pi}{4} \cdot w_2$$

und es ergibt sich daraus

$$\frac{D_3{}^2 \cdot \pi}{4} = \frac{2}{2,5} = 0,8 \text{ qm}$$

und somit $\qquad\qquad D_3 = 1,01 \text{ m.}$

Gewählt daher $\qquad \boldsymbol{D_3 = 1050 \text{ mm } \Phi.}$

Hierbei ist allerdings darauf zu achten, ob nicht der Saugrohrquerschnitt durch eine starke Welle oder gar ein Armkreuz verengt wird. Dies ist dann bei der Rechnung in Rücksicht zu ziehen, d. h. es ist dann D_3 entsprechend größer zu machen.

Der äußere Laufraddurchmesser D_1 ergibt sich nun aus D_3 nach konstruktiven Gesichtspunkten. Man wählt je nach Größe der Turbine

$$D_1 = D_3 + (80 \text{ bis } 160) \text{ mm.}$$

Es sei hier demnach gewählt:

$$\boldsymbol{D_1 = 1050 + 150 = 1200 \text{ mm } \Phi.}$$

Die Umfangsgeschwindigkeit u_1 des Laufrades wird für die normallaufende Turbine ($\sphericalangle \beta_1 = 90^0$) gemäß den Ausführungen im § 8:

$$u_1 = 0,88 \cdot \sqrt{g \cdot H} = 0,88 \cdot \sqrt{9,81 \cdot 8,}$$
$$u_1 = 7,8 \text{ m/sek.}$$

und somit die Umdrehungszahl:

$$n = \frac{u_1 \cdot 60}{D_1 \cdot \pi} = \frac{7,8 \cdot 60}{1,2 \cdot \pi} = \boldsymbol{124 \text{ pro Minute.}}$$

c) Schaufeln im Laufrade.

Für irgend einen Punkt der gewählten Schaufelaustrittskurve müssen zunächst Schaufelzahl, Weite, Winkel usw. bestimmt werden. Am einfachsten nimmt man den unteren Endpunkt dieser Austrittskurve, weil hier der Durchmesser, nämlich D_3, bereits bekannt ist (vergl. Fig. 53). Das Weitere ergibt später die im § 13 erörterte Schaufelkonstruktion.

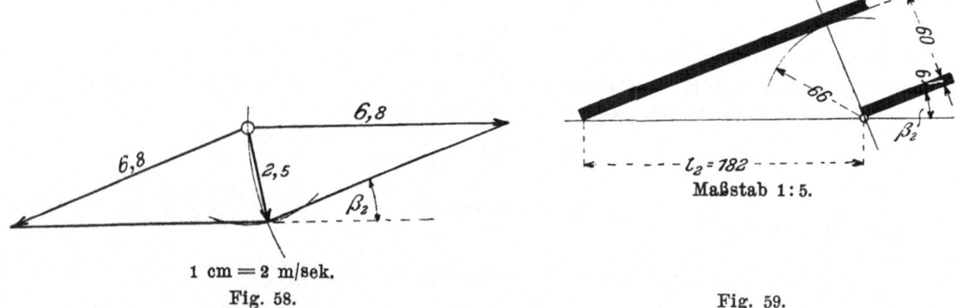

Fig. 58.

Fig. 59.

Für diesen Endpunkt der später erst genau zu wählenden Austrittskurve (s. unter f) wird nun

$$u_2{}' = u_1 \cdot \frac{D_3}{D_1} = 7,8 \cdot \frac{1050}{1200} = 6,8 \text{ m/sek.}$$

Man wählt nun auch $v_2{}' = 6,8$ m/sek., ferner ist von früher bekannt $w_2 = 2,5$ m/sek.

Aus diesen 3 Geschwindigkeiten wird das Parallelogramm nun konstruiert, wie es in Fig. 58 getan ist. Der $\sphericalangle \beta_2$ läßt sich aus der Zeichnung zu 22^0 ablesen.

Sodann wählt man für das Laufrad z. B.: Schaufelweite $a_2 = 60$ mm, Schaufelstärke $s_2 = 6$ mm und zeichnet, wie in Fig. 59 angegeben ist, das Ende einer Schaufelkammer maßstäblich auf. Es ergibt sich daraus die Teilung t_2', welche zu 182 mm abgemessen wird. Daraus folgt schließlich die Schaufelzahl im Laufrade:

$$z_2 = \frac{D_3 \cdot \pi}{t_2'} = \frac{1050 \cdot \pi}{182} = 18,1.$$

Man wählt natürlich

$$z_2 = \textbf{18 Schaufeln,}$$

wodurch sich nun in Wirklichkeit t_2' sowie $\sphericalangle \beta_2$ etwas ändern, was aber hier belanglos ist.

d) Schaufeln im Leitrade.

Hier werde gewählt: Schaufelweite $a_0 = 50$ mm (s. § 8), Stärke $s_0 = 6$ mm, **Zahl $z_0 = 22$.**

Aus z_0 und dem inneren Leitraddurchmesser $D_1 = 1200$ mm ergibt sich also auch die Schaufelteilung zu

$$t_0 = \frac{D_1 \cdot \pi}{z_0} = \frac{1200 \cdot \pi}{22} = 171 \text{ mm.}$$

Man zeichnet alsdann maßstäblich, wie es in Fig. 60 dargestellt ist, das Ende einer Schaufelkammer auf und hat damit den $\sphericalangle \delta_1$ auf graphischem Wege ermittelt. Das Geschwindigkeitsparallelogramm läßt sich nun ebenfalls verzeichnen, da $u_1 = 7,8$ m/sek., sowie $\sphericalangle \beta_1 = 90^0$ und $\sphericalangle \delta_1$ bekannt sind (s. Fig. 61). Aus Fig. 61 läßt sich alsdann die Austrittsgeschwindigkeit w_1 abmessen. Man findet $w_1 = 8,2$ m/sek.

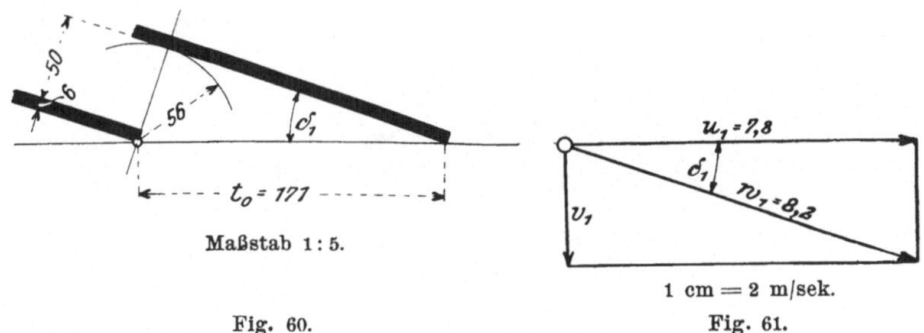

Fig. 60.   Fig. 61.

Aus der Gleichung

$$Q = z_0 \cdot a_0 \cdot b_0 \cdot w_1$$

ergibt sich die letzte noch fehlende Größe, nämlich die Leitrad- (bezw. Laufrad-) breite b_0 zu

$$b_0 = \frac{Q}{z_0 \cdot a_0 \cdot w_1} = \frac{2}{22 \cdot 0,05 \cdot 8,2} = 0,22 \text{ m.}$$

Also $\textbf{\textit{b}}_0 = \textbf{220 mm.}$

e) Kranzkonstruktion und Welle.

Nach Berechnung der bis jetzt ermittelten Hauptmaße kann man nun zur maßstäblichen Aufzeichnung des Laufrades schreiten. Es ist dies in Fig. 62 im Maßstab 1 : 10 d. N. getan.

Der Kranz ist aus Gußeisen auszuführen. Die Kranzstärke sei zu 30 mm durchweg angenommen; nach der Nabe zu soll dieselbe jedoch auf 50 mm anlaufen. Der obere Kranz ist, wie Fig. zeigt, in Kreisbogenform ausgebildet. In demselben befinden sich nahe der Nabe 4—6 Löcher von 60 mm Φ. Diese haben den Zweck des Druckausgleiches zwischen den Räumen oberhalb und unterhalb des Laufrades.

Die Welle wird, da sie senkrecht stehen soll, nur auf Verdrehung berechnet. Sie sei aus gewöhnlichem Walzeisen hergestellt. Man hat also zu rechnen nach der Gleichung

$$\frac{d^3 \cdot \pi}{16} \cdot k_d = M_d.$$

Nun ist

$$M_d = 71\,620\,\frac{N}{n} = 71\,620\,\frac{170}{124} = 100\,000 \text{ cmkg.}$$

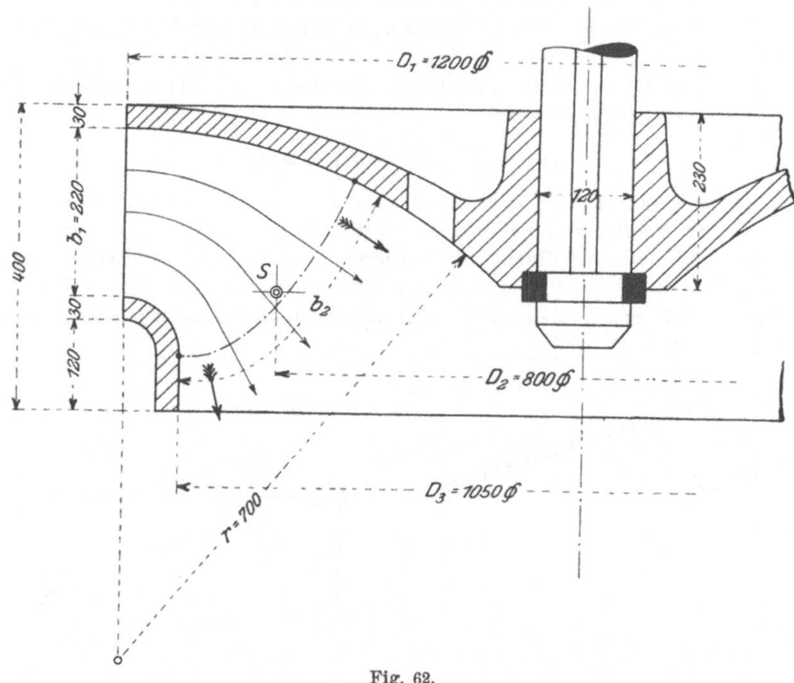

Fig. 62.

Ferner sei $k_d = 300$ kg/qcm angenommen, so gering, da eventuell auch geringe Biegungsbeanspruchungen durch Zahnräder usw. in die Welle kommen können. Dann ist

$$d = \sqrt[3]{\frac{16 \cdot 100\,000}{\pi \cdot 300}} = 12 \text{ cm} = \mathbf{120 \text{ mm } \Phi.}$$

(Hat man eine liegende Welle, so muß natürlich die Berechnung auf Biegung wie auf Verdrehung erfolgen.)

f) Schaufel-Austrittskurve.

Beim Austritt der Wassermenge aus den Laufradschaufeln tritt eine Gleichung auf von der Form

$$Q = (D_2 \cdot \pi \cdot b_2) \cdot w_2 \cdot \frac{a_2}{a_2 + s_2};$$

sie entsteht wie folgt:

Die **Austrittsfläche** (vergl. Fig. 62) ist eine Rotationsfläche und wird daher nach der **Guldin**schen Regel berechnet aus dem Produkte von: Kurvenlänge b_2 und Weg des Schwerpunktes der Kurve $D_2 \cdot \pi$. Diese Fläche wird jedoch durch die 18 Schaufelbleche verengt, und zwar, wie Fig. 63 zeigt, im Verhältnis

$$\frac{\text{nutzbarer Ausfluß}}{\text{ganze Fläche}} = \frac{l}{t_2} = \frac{a_2}{a_2 + s_2}.$$

Die Geschwindigkeit w_2 soll in ihrer früher berechneten Größe in allen Punkten gleich groß und senkrecht zum Ausflußquerschnitt (Austrittsfläche) angenommen sein.

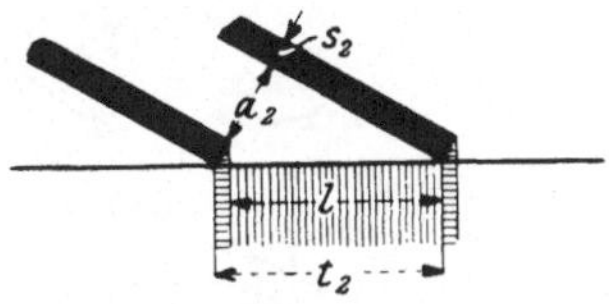

Es ergibt sich somit in unserem Beispiel:

$$2 = (D_2 \cdot \pi \cdot b_2) \cdot 2{,}5 \cdot \frac{60}{66}$$

Fig. 63.

und hieraus: $\qquad\qquad D_2 \cdot b_2 = 0{,}28 \text{ qm.}$

Diese beiden unbekannten Größen: Länge der Schaufelaustrittskurve b_2 und Durchmesser in ihrem Schwerpunkt D_2 müssen nun durch Probieren so festgelegt werden, daß schließlich das Produkt $D_2 \cdot b_2$ den berechneten Wert erhält.

In der **Zeichnung** (Fig. 62) ergibt sich durch Ausprobieren z. B. $D_2 = 0{,}8 \text{ m}$ und $b_2 = 0{,}35 \text{ m,}$ so daß $D_2 \cdot b_2 = 0{,}8 \cdot 0{,}35 = 0{,}28$ qm wird, wie verlangt war.

Zu beachten ist jedoch, daß diese Rechnungsweise eigentlich nur genau ist, falls die Kurve in allen Punkten senkrecht zur Strömrichtung des Wassers steht! Man muß sich also zweckmäßig den Lauf einzelner Wasserfäden, wie dies in Fig. 62 angedeutet ist, einzeichnen, um die jeweilige Richtung der Kurve hierzu annähernd senkrecht eintragen zu können. Man bezeichnet eine derartige Austrittskurve als **„Niveaulinie“.** Die Austrittsfläche soll also eine „Niveaufläche“, d. h. eine Fläche sein, die an allen ihren Punkten annähernd gleiche Eigenschaften aufweist.

Ist dies nicht der Fall, wie es in der Praxis häufiger vorkommt, so muß eine besondere Rechnung eintreten, von welcher in § 13 C die Rede sein wird.

§ 12. Konstruktion der Leitradschaufel.

Während bei einer Axialturbine die Begrenzungslinie des Kranzes als gerade Linie verläuft und daher die Schaufeln am Austritt ebenfalls geradlinig auszubilden sind, wie es in den Fig. 59 und 60 vorläufig dargestellt wurde, wird nun bei der Francis-Turbine der Kranz in Kreisbogenform gebogen, wodurch das Schaufelende zur **Evolvente** wird. Aus Fig. 64, welche im Maßstabe 1 : 10 d. N. das berechnete Beispiel wiedergibt, ist diese Veränderung sowie ihre Erklärung zu erkennen. Der Grundkreis, auf welchem die Evolvente zu bilden ist, erhält, wie ebenfalls aus der Figur hervorgeht, den Umfang $z_0 \cdot (a_0 + s_0)$, also einen Durchmesser

$$e_0 = z_0 \cdot \frac{a_0 + s_0}{\pi} = 22 \cdot \frac{56}{\pi} = 392 \text{ mm.}$$

Der äussere Durchmesser des Leitrades sei, wie Figur zeigt, zu 1600 bezw. 1660 mm angenommen.

Man konstruiert nun folgendermaßen:

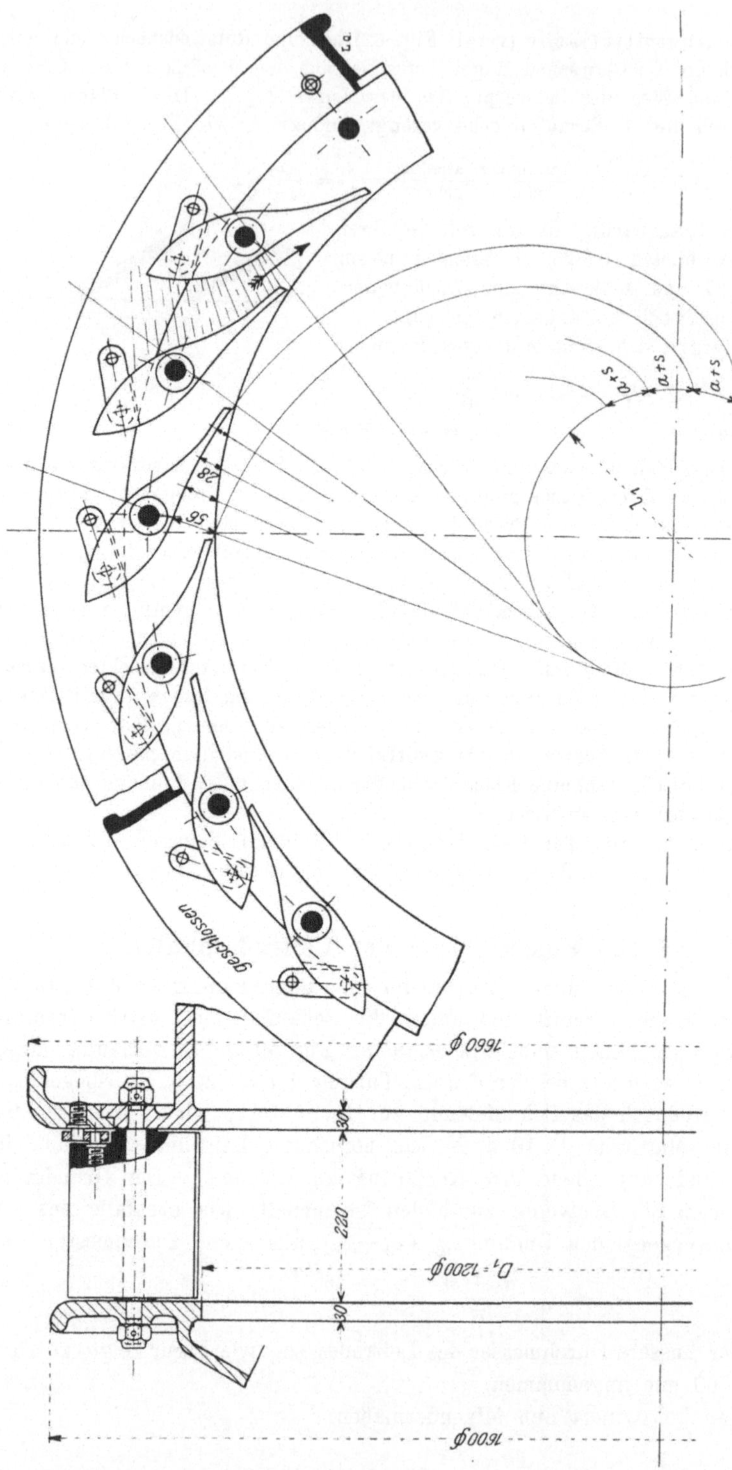

Fig. 64, 65. Konstruktion des Leitrades. — Maßstab 1 : 10 d. N.

Die Evolventenform verzeichnet man am einfachsten dadurch, daß man die Teilung $t_0 = 171$ mm in 4 Teile teilt, durch die Teilpunkte Grundkreistangenten zieht und die Höhen $(a_0 + s_0)$, $^3/_4 \cdot (a_0 + s_0)$, $^1/_2 \cdot (a_0 + s_0)$ und $^1/_4 \cdot (a_0 + s_0)$ darauf abträgt. Die gefundenen Punkte werden durch eine stetig verlaufende Kurve verbunden, welche ausreichend genau die Evolvente darstellt (s. Fig. 65).

In der Praxis wird man selbstredend jedoch diese wie die weiteren Aufzeichnungen in natürlicher Größe vornehmen.

An die Evolvente schließt sich dann ein Kreisbogen von ziemlich beliebiger Größe und Richtung an. Da die Schaufeln zur Regulierung drehbar sein sollen, so müssen sie zur Aufnahme des Drehbolzens genügend große Wandstärke erhalten. Für den Entwurf der dadurch bedingten Schaufelform ist nur allein maßgebend, daß die Schaufelkammer von außen nach innen zu gleichmäßig und stetig ihren Querschnitt verjüngt und nicht etwa zwischendurch einen geringeren Querschnitt aufweist. Auch dies läßt die Fig. 65 deutlich durch die in der Schaufelkammer rechts angedeutete Schraffur des sich verjüngenden Querschnitts erkennen.

Im Seitenriß (Fig. 64) ist die Lagerung des Bolzens und der Antrieb der Schaufel zu ersehen. Lenker aus Rotguß greifen einerseits an den kleinen Bolzen der Schaufeln, andererseits an den in den verschiebbaren äußeren Kranzteil des Leitrades eingeschraubten Bolzen an, so daß sich beim Verschieben jenes Kranzes alle Schaufeln mit einem Male verdrehen. Näheres hierüber s. im § 14.

§ 13. Konstruktion der Laufradschaufel.[*]

Auch diese Konstruktion soll für die berechnete Turbine maßstäblich durchgeführt werden. Wie beim Leitrade muß auch beim Laufrade das Schaufelende in Evolventenform gekrümmt werden. Die ganze Schaufel jedoch muß in mehreren Schnitten oder Schichten aufgezeichnet werden, da dieselbe überall verschiedene Krümmung hat gegenüber der sehr einfachen, über die ganze Breite b_0 gleichbleibende Form der Leitradschaufel.

Man geht zur Konstruktion, die in den Fig. 66—68 im Maßstabe 1:10 wieder dargestellt ist, folgendermaßen vor:

A. Schichtlinien und Schaufelform.

Das Laufrad wird zunächst in eine Anzahl Schichten von gleichem Wasserdurchfluß, also gewissermaßen in einzelne Teilturbinen eingeteilt. In Fig. 66 sind z. B. 4 solcher Schichten gewählt,

---

[*] Die Schaufelkonstruktion ist nach Prof. Pfarr, Darmstadt, welchem Verfasser seine grundlegenden Kenntnisse auf dem Gebiete der Wasserkraftmaschinen verdankt. — (Vergl. auch die ähnliche Konstruktion von Speidel und Wagenbach in Z. d. V. d. Ing. 1899, S. 581 u. f.)

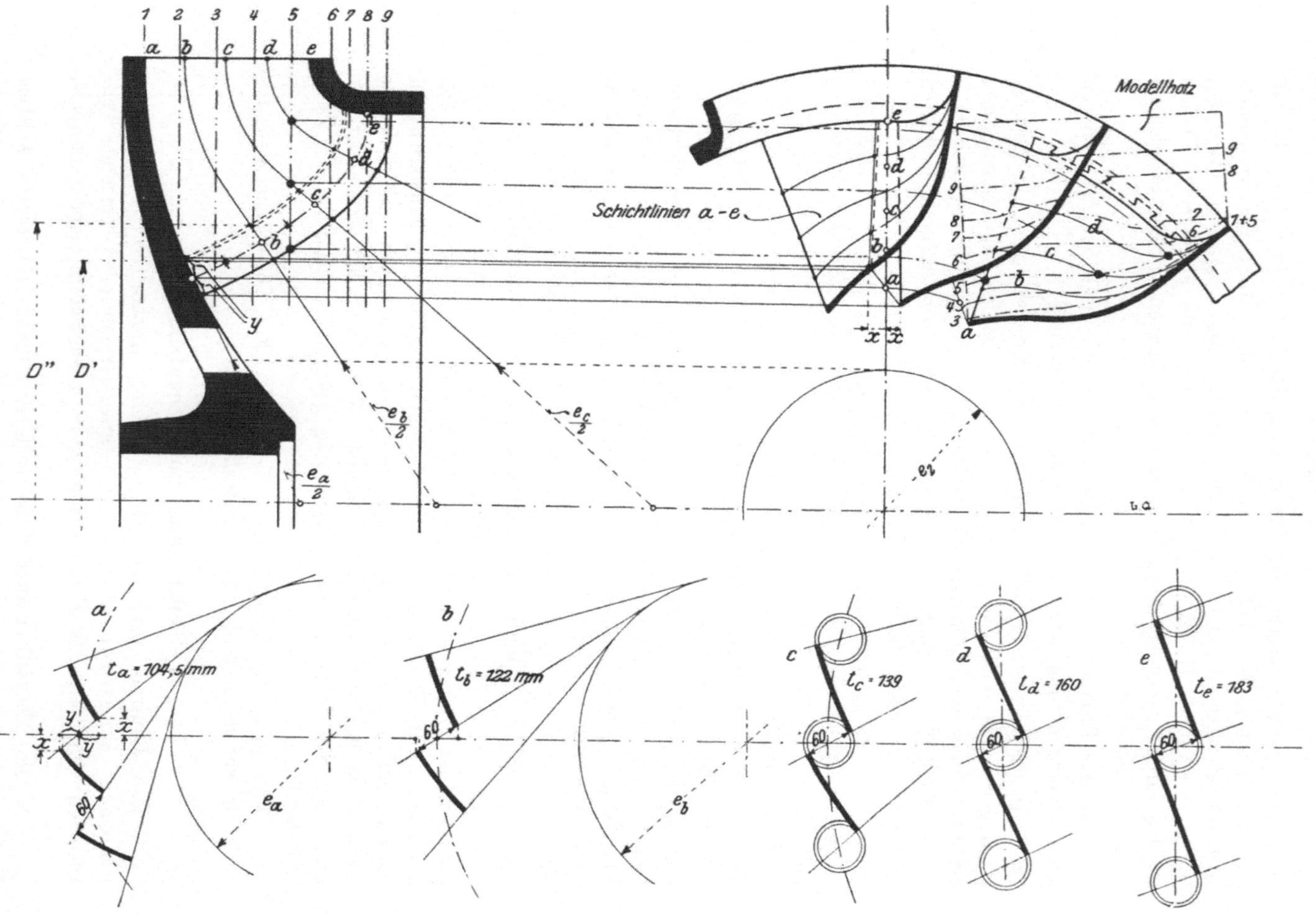

Fig. 66, 67, 68. Konstruktion der Laufradschaufel. — Maßstab 1:10 d. N.

wodurch sich die Schichtlinien a, b, c, d, e ergeben. In Wirklichkeit wird man jedoch die Turbine wiederum in natürlicher Größe aufzeichnen und dementsprechend mehr, vielleicht 6—8 (—12) derartiger Schichtlinien annehmen!

Da durch jede der so entstandenen 4 Teilturbinen $^1/_4$ der ganzen Wassermenge durchfließen soll, so ist die Breite b_1 natürlich in 4 gleiche Teile einzuteilen, die Austrittskurve b_2 dagegen in 4 verschieden große Teile, und zwar so, daß jeder Abschnitt gleichen Ausflußquerschnitt ergibt. Dem Teil ab entspricht z. B. der mittlere Durchmesser D'. Die ganze Ringfläche dieser Teilturbine betrüge somit am Austritt: $ab \cdot D' \cdot \pi$. Die Ringfläche des zweiten Teils würde dagegen: $bc \cdot D'' \cdot \pi$ sein usw. Da alle diese Ringflächen gleich sein müssen, so erhellt ohne weiteres, daß man die Kurve b_2 in derartige Teile zerlegen muß, daß das Produkt aus Teil und zugehörigem mittleren Durchmesser überall denselben Wert ergibt.

So wird z. B. in Fig. 66: $ab = 107$ mm, $D' = 645$ mm, $bc = 92$ mm, $D'' = 750$ mm und das Produkt beträgt $107 \cdot 645 = 92 \cdot 750 = 69000$ qmm. Es ist also hier die Einteilung so zu treffen, daß für alle Teile dies Produkt herauskommt. Die Teile betragen: $ab = 107$ mm, $bc = 92$ mm, $cd = 81$ mm und $de = 70$ mm, zusammen $b_2 = 350$ mm, wie in § 11 f berechnet wurde.

Wie schon früher erwähnt, ist auch bei dieser Zerlegung darauf zu achten, daß die Schichtlinien annähernd senkrecht zur Austrittskurve verlaufen, d. h. daß die Austrittskurve eine „Niveaulinie" ist!

Ist nun die Einteilung geschehen, so erfolgt das Aufzeichnen der Schaufeln in den verschiedenen Schnitten a—e. Diese Schnitte sind jedoch in den Richtungen der Schichtlinien geführt, die Schnittflächen sind somit am Schaufelende, wie aus Fig. 66 ersichtlich ist, Kegelmäntel. Letztere müssen erst in die Ebene abgerollt werden, damit man darauf das Schaufelende und zwar als Evolvente aufzeichnen kann.

Die Evolventenkonstruktion auf den abgewickelten Kegelmänteln ist in Fig. 68 dargestellt. Für jeden Schnitt bezw. jede Schichtlinie ergibt sich natürlich eine andere Schaufelteilung t_2, wie dies ebenfalls aus der Zeichnung hervorgeht.

Für Schicht e würde z. B. die Teilung den Wert erhalten:

$$t_e = \frac{D_3 \cdot \pi}{z_2} = \frac{1050 \cdot \pi}{18} = 183 \text{ mm};$$

für Schicht a muß dagegen die Teilung im umgekehrten Verhältnis der Durchmesser kleiner sein, also:

$$t_a = 183 \cdot \frac{600}{1050} = 104{,}5 \text{ mm usw.}$$

Die Schaufelweite a_2 kann überall in gleicher Größe, also mit 60 mm beibehalten werden.

Die Evolventen selbst werden punktweise, in gleicher Art wie bei den Leitradschaufeln angegeben wurde, aufgezeichnet. Die hierzu erforderlichen Grundkreise sind, wie aus der Figur hervorgeht, dabei überall verschieden groß.

Für die Schichten d und e werden jedoch die Krümmungsradien sehr groß bezw. unendlich, so daß hier die Evolvente wiederum durch die gerade Linie ersetzt werden muß.

Sodann erfolgt die punktweise Übertragung der gefundenen Schaufelenden in die Fig. 66 und 67. Alle Größen y (vergl. Fig. 68 bei a) werden dabei in Richtung der Schichtlinien aufzutragen sein, wie dies in Fig. 66 für die Linie a angegeben ist. Sodann werden die aufgetragenen Punkte sämtlich nach rechts auf die Mittellinie des Seitenrisses hinübergelotet. Man erhält hier auf diese Weise die Punkte a, b, c, d, e der Austrittskurve, sowie die zu diesen gehörigen Schaufelpunkte. Die Austrittskurve ist also in der Mittelebene des Seitenrisses liegend aufzufassen.

Alle Größen x (s. Fig. 68 bei a) werden nun von den zuletzt genannten Schaufelpunkten nach rechts und links abgetragen, wodurch man rechts die Endpunkte einer Schaufel, links die Endpunkte aller Evolventen der nächsten Schaufel auf einer durchlaufenden Linie erhält, wie Fig. 67 zeigt. Die Evolventen werden in ihrer verkürzten Gestalt punktweise oder auch nach Gutdünken nun in den Seitenriß eingezeichnet. An dieselben schließt man einen Kreisbogen an.

Da das obere Schaufelende jedoch über seine ganze Breite b_1 wenigstens während eines kurzen Stückes radial gerichtet sein muß ($\sphericalangle\ \beta_1 = 90^0$), so schlägt man zweckmäßig den Kreisbogen für die letzte Schichtlinie e zuerst und läßt diesen radial in die äußere Begrenzungslinie des Kranzes einmünden. Die anderen Kreisbögen werden dann, wie es die Konstruktion erfordert, an die Evolvente einerseits und die radial verlaufende Schaufelendkante andererseits angeschlossen, wie dies aus Fig. 67 ersichtlich ist. Diese eben verfolgten Kurven sind also die Schichtlinien a—e, wie sie sich im Seitenriß ergeben, bezw. angenommen sind, und die Schaufelform ist somit gefunden. Der Seitenriß rechts gibt dabei die wahre Gestalt wieder, während im Aufriß (links, Fig. 66) alle Punkte in eine Ebene zurückgeklappt gedacht sind, also die Schaufel selbst sich in Wirklichkeit anders projizieren würde.

B. Modellschnitte und Schaufelklotz, sowie Einbau der Schaufeln.

Da die Schaufeln meist aus Blech hergestellt und in rotwarmem Zustande in ihre Form gepreßt werden, so ist nun der soeben ermittelten Schaufelform entsprechend ein sogen. Schaufelklotz herzustellen, auf welchem die Formgebung stattfinden kann. Zu diesem Zwecke legt man durch den Aufriß (Fig. 66) sogen. „Modellschnitte" in einem Abstande, wie es einer normalen Brettstärke entsprechen würde, d. h. vielleicht von 25 mm, nach dem Ende zu jedoch noch enger.

In der Zeichnung sind zur Erläuterung jedoch nur 9 solcher Schnitte
gelegt, die mit 1, 2—9 bezeichnet sind. Es müssen nun die Schnittpunkte
dieser Modellschnitte mit den Schichtlinien $a—e$ in den Seitenriß übertragen werden. Dies hat zu geschehen, wie in der Zeichnung für den
Schnitt 5 z. B. genau durchgeführt ist. Auch hier sind alle nach rechts
herübergeloteten Punkte erst auf die Mittellinie zu bringen und von hier
aus durch Kreisbögen auf die entsprechende Schichtlinie in der Schaufel
rechts. In dieser sind die sich so ergebenden Kurven 1—9 eingezeichnet.
Jeder Modellschnitt hat, wie Figur zeigt, die betreffende Kurve als obere
Begrenzungslinie. Nimmt man nun einzelne Brettstücke von der oben
angegebenen Stärke, so läßt sich darauf sowohl auf der Vorderseite, wie
auf der Rückseite derselben die jeweils ermittelte Kurve aufzeichnen und
das Brett dementsprechend ausschneiden. Zu berücksichtigen ist allerdings,
daß das so entstehende Modell zur Herstellung eines Gußstückes dienen
soll, daß also alle Dimensionen im Schwindmaße zu nehmen sind. Alle

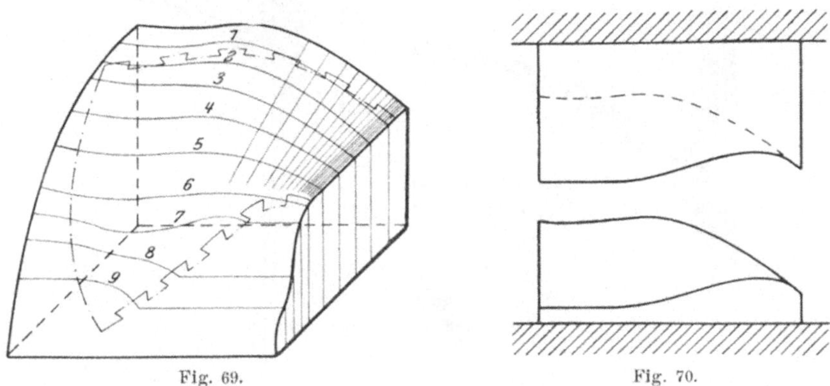

Fig. 69.   Fig. 70.

Bretter zusammengesetzt und an den Fugen beigearbeitet, ergeben dann
den Modellklotz, wie er in Fig. 69 nochmals dargestellt ist. Hiernach
wird eine Presse in Gußeisen oder Stahlguß hergestellt, deren Klötze
die Form Fig. 70 erhalten können und die alsdann zur Formgebung der
Schaufeln verwandt werden. Der obere Preßklotz wird aus dem unteren
dadurch erhalten, daß man (unter Berücksichtigung der Schaufelstärke)
auf diesem einen Gipsabguß abformt und diesen als Modell verwendet.

Die Schaufeln selbst müssen an den Stellen, welche später in den
Kranz eingegossen werden sollen, einen mindestens 15 mm breiten Rand
erhalten, der verzinkt und zum besseren Eingießen schwalbenschwanzförmig
ausgeschnitten wird (s. Fig. 67 u. 69).

Der Einbau der Schaufel in die Form erfolgt schließlich in folgender
Weise: Nach Schablonieren der Innenfläche eines Radkranzes werden alle
Schaufeln unter genauer Kontrolle ihrer Abstände durch Stichmaße usw.
auf dieselbe gesetzt und mit Formsand so weit umgeben, daß sie fest-

stehen. Dann werden die Schaufelkammern vollständig aufgestampft und die Form des oberen Radkranzes darauf schabloniert. Die Radkränze selbst sind danach natürlich besonders zu formen, so daß man in einem Oberkasten die eine Kranzform, im Zwischenkasten die Schaufeln und im Unterkasten bezw. Gießereiherd die andere Kranzform hat.

C. Sonderkonstruktionen.

Vielfach ist es unmöglich, die Austrittskurve der Laufradschaufel als „Niveaulinie" zu wählen. Besonders kommt dies bei breiten Rädern vor mit verhältnismäßig kleinem Durchmesser, bei welchen dann die Schaufel bis dicht an die Nabe gehen würde. Man wählt deshalb auch eine beliebige

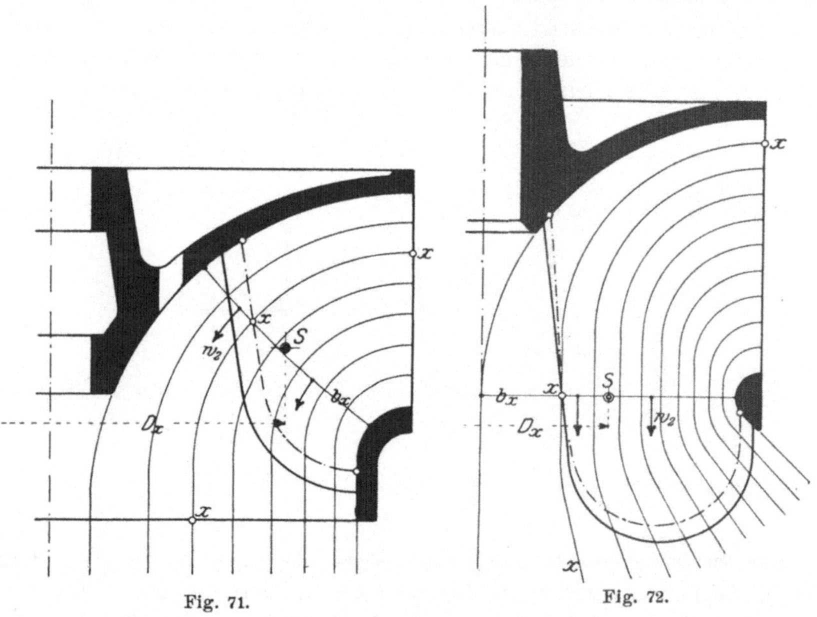

Fig. 71.　　　　　　　　　　　　Fig. 72.

Austrittskurve, wie dies in Fig. 71 z. B. dargestellt ist. Ferner sind die Schnelläufer-Konstruktionen hierzu zu rechnen, wobei ebenfalls selten eine Niveaulinie gewählt werden kann, wie dies aus Fig. 72 beispielsweise hervorgeht..

Der Vollständigkeit halber sei nur in kurzen Worten auf die Konstruktion der Laufradschaufel in diesen Fällen aufmerksam gemacht.

Nach Berechnung der Turbine selbst gemäß den Ausführungen § 11 a—e kann zur Aufzeichnung der Leitradschaufel geschritten werden, die in derselben Weise wie bei der normalen Turbine ausgebildet werden kann, sowie zur Aufzeichnung des Laufrades. Die Berechnung § 11 f muß jedoch hier unterbleiben, da dieser ja, wie dort erwähnt, die Niveaulinie zugrunde gelegt wird. Die Kränze werden nach dem Saugrohr zu einfach in möglichst glatter Form (meist Kreisbogenform) herumgeführt, ohne vorläufig weitere Querschnittsrechnungen vorzunehmen.

Man legt dann zur Konstruktion der Laufradschaufel wie früher Schichtlinien, wie dies auch aus den Fig. 71 und 72 hervorgeht. Um nun aber die Evolventen, d. h. Schaufelendkanten für die einzelnen Schichten aufzeichnen zu können, muß für jeden Teilpunkt der Austrittskurve eine besondere Rechnung eintreten.

Dies ist für die Schichtlinie x der Fig. 71 und 72 angegeben. Man berechnet für den Austrittspunkt x die Umfangsgeschwindigkeit u_2 und die Schaufelteilung t_2, nimmt ferner die Schaufelweite a_2 (die bei diesen Turbinen vielfach verschieden groß in den einzelnen Schichten gewählt wird) sowie s_2 an, und hat nun erst die Ausflußgeschwindigkeit w_2 an diesem Punkte zu berechnen. Zu diesem Zwecke ist eine Niveaulinie durch x zu zeichnen (vergl. Fig. 71 und 72, b_x), und es ergibt sich w_2, gemäß dem im § 11 f Gesagten, aus der Gleichung:

$$w_2 = \frac{Q}{D_x \cdot \pi \cdot b_x} \cdot \frac{a_2 + s_2}{a_2}.$$

Damit sind alle Größen bestimmt und es läßt sich das Schaufelende für die Schichtlinie x in der Ebene abgerollt aufzeichnen wie es in Fig. 68 dargestellt war. In gleicher Weise ist für alle Schichtlinien zu verfahren, was natürlich eine langwierige Arbeit verursacht.

Die weitere Konstruktion, ebenso die Aufzeichnung des Schaufelklotzes erfolgt dann genau so, wie in den Fig. 66 und 67 angegeben wurde.

(Genaueres hierüber enthält z. B. die Abhandlung von Baashuus, Z. d. V. D. Ing. 1901, Seite 1602 u. f.).

§ 14. Regulierung der Francis-Turbinen.

Eine gute Regulierung muß vor allem so eingerichtet sein, daß bei geringerer Beaufschlagung der Turbine, sei es aus Wassermangel, sei es wegen geringerer Belastung derselben, der Nutzeffekt möglichst hoch bleibt. Tritt Wassermangel ein, so würde infolge der zu großen Querschnitte der Turbine der Wasserspiegel in der Oberwasserkammer sofort zu sinken beginnen, so daß sich die Leistung dadurch ganz beträchtlich verringert. Es muß also unbedingt eine Regulierung angeordnet werden, die in solchen Fällen die Durchflußquerschnitte verkleinert, damit wenigstens das Gefälle erhalten bleibt.

Früher ordnete man zu diesem Zwecke z. B. eine Drosselklappe im Saugrohr an, wodurch jedoch infolge von Wirbelbildung der Nutzeffekt stark sinkt. Die Regulierungen der modernen Francis-Turbinen erfolgen hauptsächlich durch:

1. Drehbare Leitschaufeln oder Finksche Regulierung.

Das Wesen dieser Regulierung wurde schon im § 12 an Fig. 65 erklärt. Die Schaufeln in der Mitte sind in geöffnetem Zustande,

2 Schaufeln links dagegen geschlossen gezeichnet. Dort wurde das Verstellen durch einen am unteren Kranze herumlaufenden Ring bewirkt, welcher am besten von 2 Wellen aus mittelst Hebel und Zugstangen gedreht wird, wie dies aus der späteren Anordnung Fig. 88 hervorgeht. Die Mitnahme der Schaufeln erfolgt durch Lenker, eine Konstruktion, wie sie in ähnlicher Weise z. B. von J. M. Voith, Heidenheim, und G. Luther, Braunschweig, ausgeführt wird.

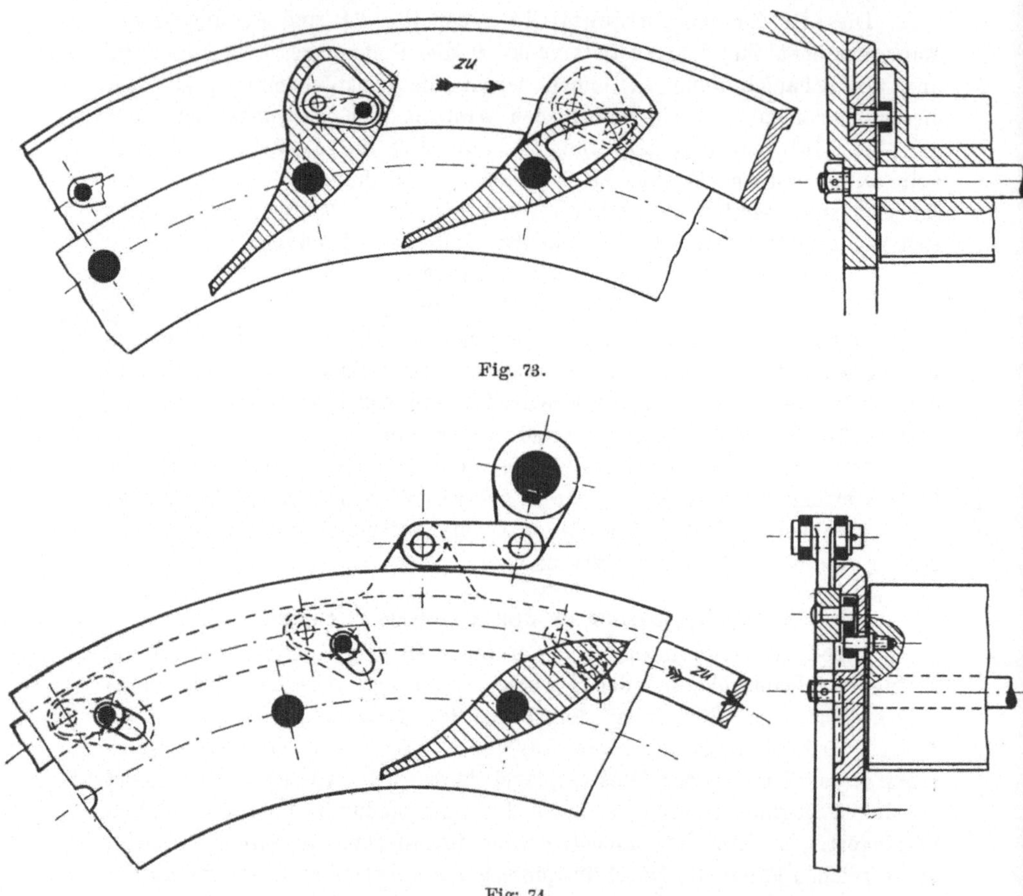

Fig. 73.

Fig: 74.

Wie Fig. 65 zeigte, ist dort die Schaufel für den Lenker etwas ausgeschnitten. In besseren Ausführungen wird derselbe jedoch zweckmäßig versenkt angeordnet. Während z. B. Voith den Lenker in einer Aussparung der Schaufel selbst unterbringt (Fig. 73) (wodurch die Schaufeln aber einen wenig zweckmäßigen Ansatz erhalten), bringt Luther solche Aussparungen im Leitradkranze an und versenkt die Lenker in diese, wie aus Fig. 74 hervorgeht.

Der Antrieb der Regulierringe erfolgt auch hier von 2 Stellen aus, wie aus Fig. 74 sowie den späteren Fig. 97, 98, 99 hervorgeht.

An Stelle des Lenkers findet man jedoch auch einen in einer Aussparung der Schaufel bezw. des Kranzes sich bewegenden Gleitstein, in welchen ein Bolzen des Regulierringes eingreift. Der Gleitstein muß sich natürlich in einer bearbeiteten Gleitfläche bewegen, welche jedoch leicht verunreinigt wird, so daß diese Konstruktion mehr und mehr verlassen wird.

Schließlich verwenden einige Firmen Leitschaufeln, welche aus einem festen, eingegossenen Stück bestehen, sowie einer verschiebbaren bezw. drehbaren Zunge, durch welche die Regulierung bewirkt wird. Dadurch erhält das Leitrad größere Steifigkeit, während bei den drehbaren Schaufeln beide Kränze nur durch die Stehbolzen gegenseitig gehalten werden.

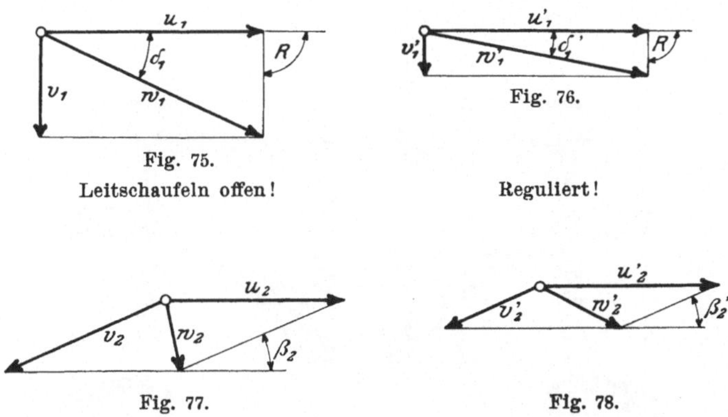

Fig. 75.
Leitschaufeln offen!

Fig. 76.
Reguliert!

Fig. 77.

Fig. 78.

Der Einfluß der Regulierung auf die Wasserbewegung ist aus der Gegenüberstellung der beiden Parallelogramme Fig. 75 und 76 zu ersehen.

Im teilweise geschlossenen Zustande der Schaufeln wird das Parallelogramm Fig. 76 auftreten, und es ist daraus ersichtlich, daß w_1 annähernd gleich bleibt, v_1 dagegen kleiner geworden ist. Die Umfangsgeschwindigkeit u_1 ist beiderseits in gleicher Größe gezeichnet, denn die Regulierung soll ja vor allem die Umdrehungszahl der Turbine auf annähernd konstanter Höhe erhalten können, wie es beispielsweise bei Antrieb von Dynamomaschinen gefordert wird.

Verringert sich nun v_1, so heißt das: das Wasser strömt mit geringerer Geschwindigkeit in das Laufrad. Bei teilweise geschlossenen Leitschaufeln ist die Wassermenge jedoch auch geringer geworden, so daß dieselbe tatsächlich mit geringerer Geschwindigkeit fließen müßte, damit die Querschnitte des Laufrades wieder ausgefüllt werden. Beim Laufradeintritt ruft also die Regulierung annähernd die ideell richtige Wirkung hervor.

Am Laufradaustritt verändern sich jedoch die Parallelogramme, wie aus der Gegenüberstellung der Fig. 77 und 78 hervorgeht. Hier ist ebenfalls v_2 kleiner, während u_2 gleich bleibt, und die Folge ist, daß mit v_2 die Reaktionswirkung abnimmt und das Wasser mit einer größeren Geschwindigkeit w_2 und unter schräger Richtung in das Saugrohr tritt, wodurch der Wirkungsgrad natürlich sinken muß. Allerdings beträgt der Unterschied bei gut ausgeführten Turbinen nur vielleicht $3\,^0/_0$ zwischen ganzer und halber Beaufschlagung.

2. Regulierung durch Spaltschieber.

Dieselbe wird ausgeführt, wie z. B. Fig. 79 darstellt. Zwischen Lauf- und Leitrad wird ein Ring geschoben, der den Wasserzufluß mehr oder weniger absperrt. Natürlich ist diese Regulierung nicht vollkommen, da

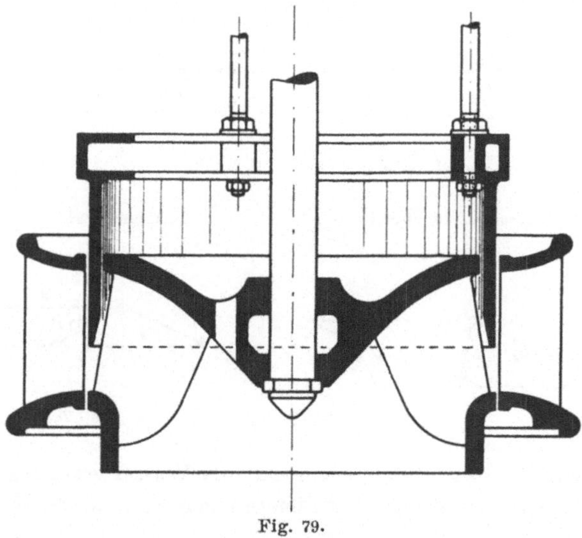

Fig. 79.

im Laufrade nun Wirbel entstehen müssen. Aber dieselbe ist äußerst einfach und wird daher da, wo mit annähernd konstanter Beaufschlagung gerechnet werden kann und wo es nicht so sehr auf Hochhalten des Nutzeffektes ankommt, vielfach ausgeführt. Man findet sie demnach vor allem bei billigeren und kleineren Turbinen, führt aber auch mitunter große Anlagen mit dieser Regulierung aus. So z. B. bei dem großen Elektrizitätswerke am Glommen, Norwegen (Anlage Fig. 11), woselbst die von der Firma Escher, Wyß & Co. in Zürich gelieferten 3000 PS -Turbinen Spaltschieberregulierung erhielten.

Der Antrieb der Regulierung der beiden Arten erfolgt entweder von Hand oder selbsttätig. Da die Verstellkräfte unter Umständen ganz bedeutende sind, so geschieht der Antrieb in letzterem Falle jedoch stets von einem sogen. „indirekt wirkenden“ Regulator aus. Ein

gewöhnlicher Dampfmaschinenregler betätigt entweder ein Ventil, welches
Wasser oder Öl von hohem Druck auf einen Kolben und dadurch auf das
Reguliergestänge wirken läßt („hydraulischer Regulator"), oder derselbe
bewirkt das Ein- und Ausrücken von Riemen auf Scheiben, welche unter
Zwischenschaltung von Übersetzungen die Regulierwelle drehen („mechanischer Regulator"). Ein „hydraulischer Regulator" ist z. B. in Fig. 99
zu erkennen.

Die Einwirkung auf die Regulierung kann infolge dieses indirekten
Antriebs natürlich im allgemeinen nicht so präzise. sein, wie sie bei der
Dampfmaschine durch den Regler erfolgt. Jedoch werden heute Turbinen-
regulatoren ausgeführt, welche nur 2—5 Sekunden Schlußzeit besitzen,
d. h. also: die bei plötzlicher vollständiger Entlastung der Turbine (z. B.
beim Durchschlagen einer Sicherung der angetriebenen Dynamo) in 2 bis
5 Sekunden dieselbe ganz abstellen, ohne daß sich die Umdrehungszahl
inzwischen wesentlich erhöht hat.

Anmerkung: Regulierbare Turbinen berechnet man, wie eingangs
des § 11 kurz angedeutet wurde, vielfach für $^3/_4$ der maximalen Wassermenge. Dies hat den Zweck, daß der Wirkungsgrad der Turbine bei
geringerer Beaufschlagung nicht zu tief heruntergeht. Eine derartig berechnete Turbine hat dann bei $^3/_4$ Beaufschlagung ihren höchsten Wirkungsgrad (vielleicht 80 $^0/_0$) und bei voller und halber Beaufschlagung einen
geringeren (vielleicht je 77 $^0/_0$). Bei noch kleinerer Beaufschlagung sinkt
derselbe dann weiter (vielleicht bei $^1/_4$ auf 70 $^0/_0$ u. s. f.).

Laufrad sowie Saugrohr werden also für $^3/_4$ der vollen Wassermenge berechnet, jedoch im übrigen so, wie beim Beispiel § 11 erörtert
wurde. Das Leitrad wird jedoch der vollen Wassermenge entsprechend
dimensioniert, da hier durch die Regulierung ja Querschnittsveränderungen
bewirkt werden. Die Folge davon ist natürlich, daß das Wasser bei
voller Beaufschlagung dann mit $^4/_3$ größerer Geschwindigkeit durch das
Laufrad fließt und ebenfalls durch das Saugrohr davongejagt wird, so daß
der Wirkungsgrad sinkt.

Francis-Turbinen, die meist mit voller Beaufschlagung laufen,
wird man daher selbstverständlich für die volle Wassermenge berechnen, wie dies im Beispiel § 11 auch geschehen ist.

§ 15. Zapfenkonstruktionen.

Neben den Einzelheiten zur Regulierung sind die Spurzapfen, welche
bei stehender Wellenanordnung nötig werden, die wichtigsten Teile einer
Turbine. Unterstützungen der Welle auf dem Fundament der Unterwasserkammer durch sogen. „Unterwasserzapfen" kommen heutzutage nur bei
kleinen und billigen amerikanischen Turbinen noch vor. Man verwendet
da Pockholzklötze, auf die sich die Welle stützt. Das durchfließende
Wasser dient gewissermaßen zur Schmierung.

In der Regel verwendet man heute nur sogen. „Überwasserzapfen", die an möglichst zugänglicher Stelle sitzen, und zwar in folgenden Arten:

1. Fontainezapfen.

Verschiedene Ausführungen geben die Fig. 80 und 81 wieder, während der gesamte Einbau aus Fig. 88 ersichtlich ist.

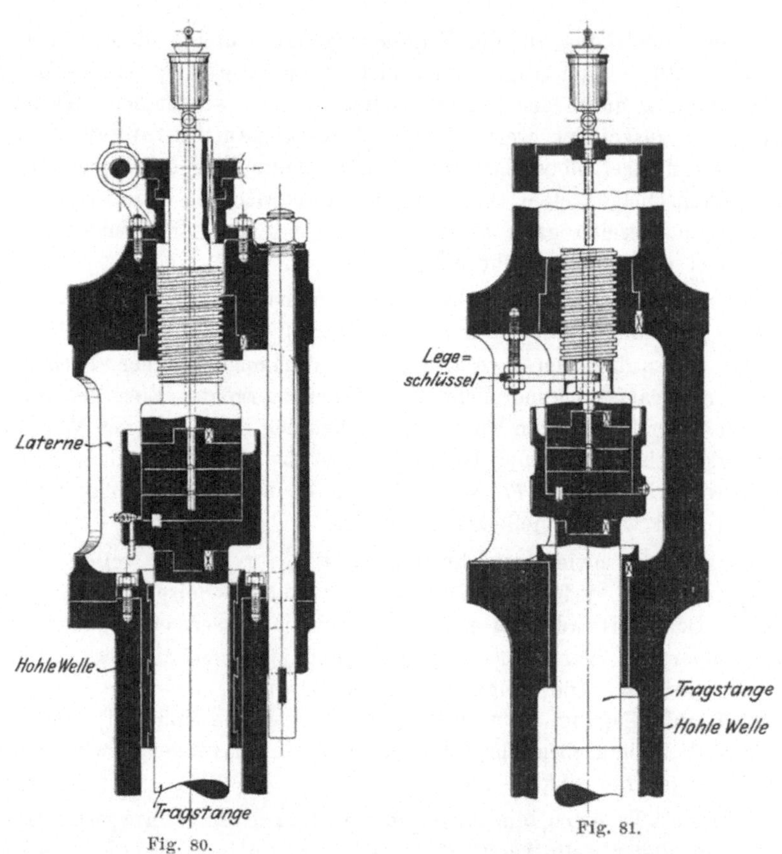

Fig. 80.   Fig. 81.

Alle Fontainezapfen bestehen aus der hohlen Welle, der Tragstange und dem eigentlichen Spurlager. Die Tragstange stützt sich auf ein Armkreuz im Saugrohranfang und dient dazu, die gesamte Belastung aufzunehmen und auf das Fundament zu übertragen. Die hohle Welle ist in der Regel aus Gußeisen. Sie wird meist oben unter den Kegelrädern und unten im Leitraddeckel gelagert. Am oberen Ende läuft sie in eine sogen. Laterne aus, in welcher das Spurlager sitzt. Dieselbe ist entweder aus einem Stück mit der Welle, wie in Fig. 88 dargestellt ist, oder sie wird auch besonders angeschraubt, wie Fig. 80 zeigt, wodurch das Aufbringen der Kegelräder einfacher wird und die Laterne leichter gehalten werden kann, da die Schrauben die Zugbeanspruchung aufnehmen. Ist eine Verlängerung der Welle nach oben aus irgend einem Grunde erforderlich, so würde die Konstruktion in der Weise wie Fig. 81 zeigt, abgeändert werden müssen.

Das Spurlager selbst besteht aus einer auf die Tragstange zentrisch aufgesetzten Pfanne, in welcher die Spurlinsen aus Rotguß, Stahl oder auch mitunter Gußeisen liegen. In Fig. 80 ist z. B. die untere feste Linse aus Stahl, die mittlere bewegliche aus Rotguß, die obere, welche am Zapfen fest ist, wiederum aus Stahl. Der Zapfen selbst ist mit Gewinde versehen, damit man das Ganze in der Höhe bequem einstellen kann. Zu diesem Zwecke ist entweder ein kleines Schneckenrad auf dem oberen Zapfenende aufgekeilt, welches durch Schnecke und Handrad angetrieben wird (Fig. 80), oder es ist lediglich ein Sechskant ausgearbeitet, der mittels Schlüssels gefaßt werden kann (Fig. 81 und 88) und sonst durch Legeschlüssel gesichert wird.

Die Schmierung hat reichlich zu geschehen, und zwar hat sich reines Rizinusöl als am zweckmäßigsten hierfür erwiesen.

Der Vorteil der Fontainezapfen ist der, daß das gesamte Eigengewicht der rotierenden Teile durch die Tragstange direkt auf dem Armkreuz und infolgedessen auf dem Fundamente abgestützt wird. Er wird deshalb von einigen Firmen vorgezogen, wenn auch besonders bei kleineren Turbinen seine Kostspieligkeit im Vergleich zu einem einfachen Ringspurzapfen ein Nachteil ist.

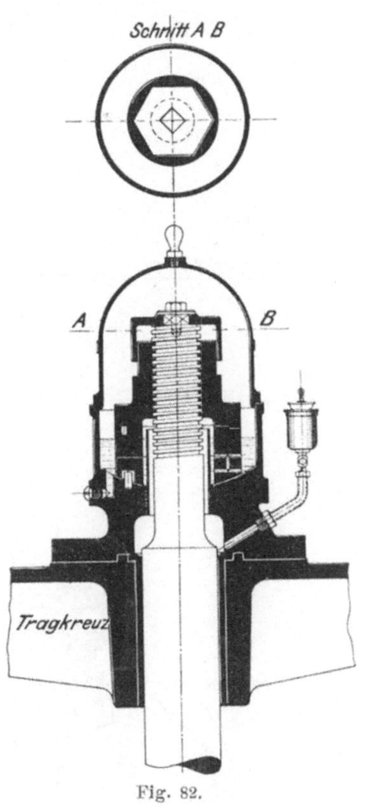

Fig. 82.

2. Ringspurzapfen.

Dieselben werden, je nach Größe der Turbine, in folgenden 3 Arten ausgeführt:

a) Einfacher Ringspurzapfen für kleine und mittlere Turbinengrößen.

Eine derartige Bauart stellt Fig. 82 dar, den vollständigen Einbau dagegen Fig. 83. Auch hier ist durch das Gewinde am Ende der Welle eine bequeme Einstellbarkeit vorhanden. Die Drehung erfolgt durch einen Sechskant und Schlüssel, die Sicherung durch eine übergestülpte Haube,

Fig. 83.

Mutter
Legeschlüssel
Feder
Oel=Abfluß
Oel-Eintritt
Tragkreuz

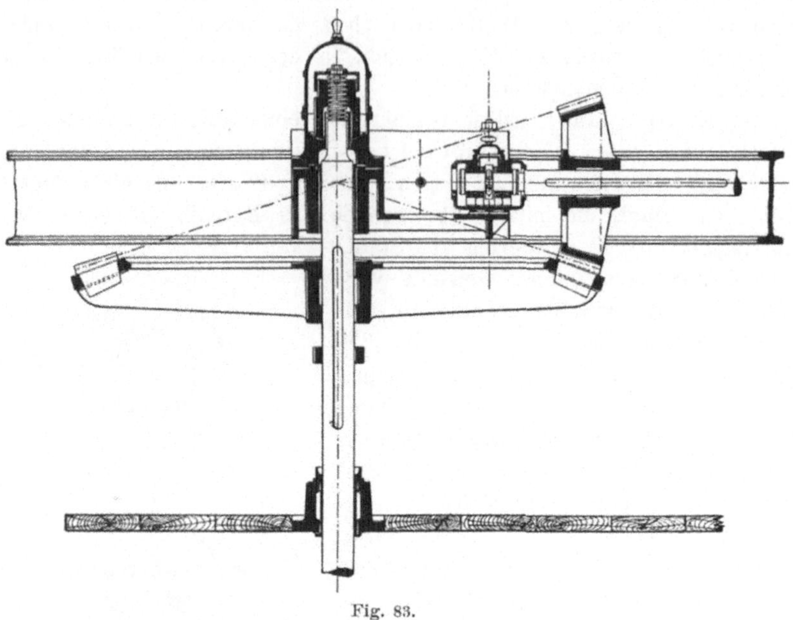

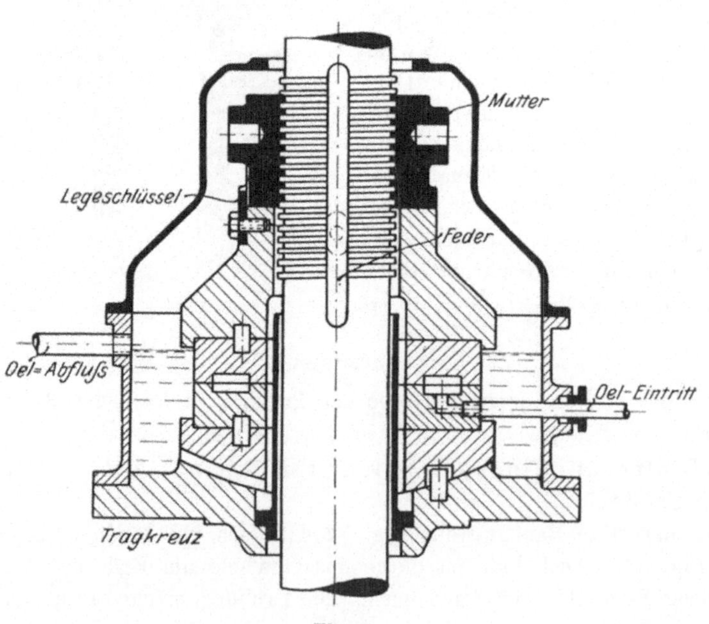

Fig. 85.

die sowohl den Sechskant, wie auch einen am Wellenende befindlichen
Vierkant erfaßt, wie der nach oben geklappte Schnitt der Fig. 82 zeigt.
Die ringförmigen Spurlinsen sind teils Stahl, teils Rotguß; die untere wird
zweckmäßig kugelig ausgebildet, damit ein Ecken ausgeschlossen wird.
Die Spur ist stets vollständig von Öl umspült, auch hier zweckmäßig von
reinem Rizinusöl. Der ganze Zapfen ist auf einem Tragkreuz gelagert,
oder auf Trägern bezw. Balken, wie in Fig. 83 angedeutet ist. Jedenfalls
ist diese Lagerung, im Gegensatze
zu der bei Fontainezapfen erforderlichen, hier sorgfältig und kräftig
auszuführen, da nun die gesamte
Belastung hier oben abgestützt
werden muß.

Zur Verringerung der Rei-
bung in der Spur werden bei größeren
Turbinen neuerdings ausgeführt:

b) **Ringzapfen mit Ku-
gelspur.**

Eine derartige Konstruktion,
wie sie von der Firma Briegleb,
Hansen & Co. in Gotha für die
in Fig. 91 später dargestellte Anlage ausgeführt wurde, zeigt Fig.
84.*) Die Kugeln sowie Spurplatten
bestehen aus bestem Stahl, der ge-
härtet und geschliffen wird. Dadurch werden unter Anwendung
einer Schmierung durch Vaseline
sowohl Reibung wie auch Abnutzung außerordentlich gering,
was besonders bei größeren Turbinen mit beträchtlicher Eigenge-
wichtsbelastung der Spur einen
großen Vorteil bietet.

c) **Entlastete Ringspur-
lager.**

Dieselben findet man bei sehr
großen Anlagen, bei denen z. B.

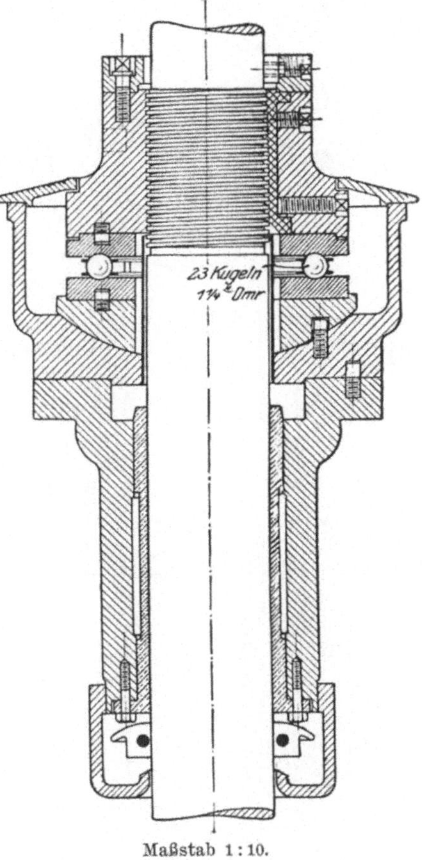

Maßstab 1 : 10.
Fig. 84.

Eigengewichte bis 50000 kg durch ein Spurlager aufzunehmen sind. Man
bildet sie daher aus, wie in Fig. 85 dargestellt ist. Auf einem sehr
kräftigen, hier jedoch nicht gezeichneten Tragkreuz, ruht ein Flansch,
welcher eine kugelförmig ausgebildete Scheibe mit der unteren Spurplatte

---

*) Nach Camerer, Z. d. V. d. Ing. 1906, S. 1223. (Desgl. auch
Fig. 86, 87.)

trägt. Die obere Spurplatte stützt sich mit einem Zwischenstück gegen eine ringförmige Mutter, welche die Höheneinstellung des rotierenden Teils gestattet. Zur Entlastung der Spurplatten wird nun von einer Pumpe aus durch eine Druckleitung Öl von 20—25 Atmosphären Pressung in den ringförmigen Hohlraum zwischen den Spurplatten gepreßt. Bei richtiger Dimensionierung heben sich die Platten um einen ganz geringen Betrag, so daß das gesamte Eigengewicht nun auf einer Ölschicht ruht und die Reibung sowie Abnutzung sehr verringert werden. Das Öl spritzt in feinem Strahl ringsherum aus der Fuge nach innen und außen aus und wird vollständig wieder der Druckpumpe zugeführt.

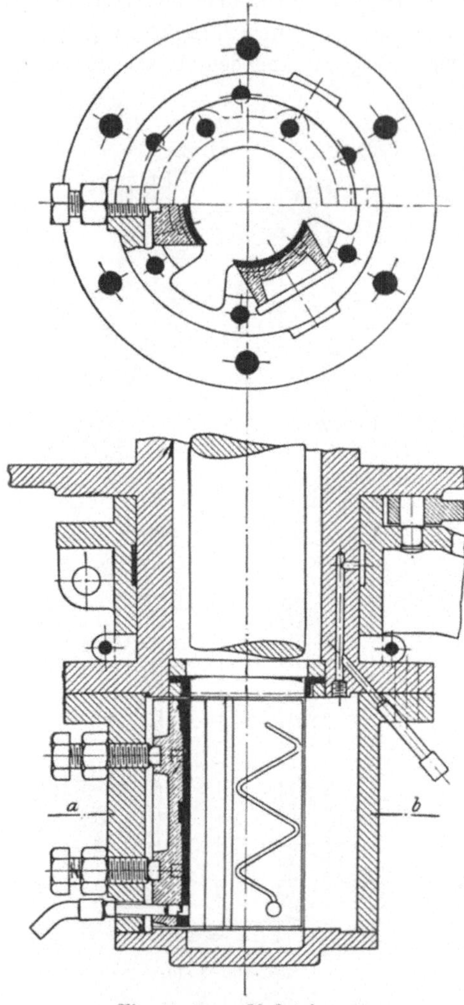

Fig. 86, 87. — Maßstab 1 : 10.

Die Berechnung aller Spurzapfen erfolgt auf Flächenpressung sowie auf „Heißlaufen"! Die Gesamtbelastung, welche durch die Spur aufzunehmen ist, setzt sich zusammen aus:

1. Gewicht der Welle und der rotier. Teile des Spurzapfens.
2. Gewicht des Laufrades.
3. Gewicht des Wassers im Laufrade.
4. Gewicht des Kegelrades bezw. des Dynamo-Ankers.

Der Zapfen ist dann derart zu dimensionieren, daß diese Flächenpressung zwischen den Spurlinsen (außer bei c) nicht mehr als 50—70 kg pro Quadratzentimeter beträgt.

Lange stehende Wellen erfordern noch besondere **Zwischenlager,** die hier der Vollständigkeit halber ebenfalls erwähnt werden sollen!

Bei kleineren Durchmessern genügt eine Führung in einer Buchse des Leitraddeckels (Fig. 88), sowie vielleicht des Fußbodens (Fig. 83). Bei größeren Ausführungen werden jedoch besonders konstruierte Lager nötig, wie z. B. ein solches in den Fig. 86, 87 dargestellt ist. Dasselbe gehört ebenfalls zur Anlage Fig. 91 und ist von der Firma **Briegleb, Hansen & Co.** ausgeführt. Die mit Weißmetall ausgegossenen Rotgußschalen gestatten eine Nachstellung durch Anziehen der gezeichneten Schrauben. Die Schalen selbst sind nur Segmente, damit die Einstellung leicht und die Wärmeableitung günstig wird. Die Schmierung erfolgt durch Öl, welches an die betreffenden Stellen gepumpt wird.

Andere Firmen verwenden bei Lagern, welche sich unter Wasser befinden, jedoch **Pockholzklötze** als Lagerschalen, die genau so befestigt werden, wie in vorstehend beschriebenem Lager. Hier fällt jedoch eine Schmierung fort, da bei Verwendung von Pockholz das zirkulierende Wasser die Schmierung bewirkt.

§ 16. Aufstellungsarten von Francis-Turbinen.

Die Aufstellung richtet sich im großen und ganzen nach der Gefällhöhe, und daher sind folgende Hauptarten zu unterscheiden:

A. Bei geringem Gefälle von 0,5—4 m.

Stehende Welle. — Offene Oberwasserkammer.

Die Anordnung geht aus Fig. 88 hervor und ist als allgemeines Beispiel für die erste Hauptart zu betrachten.

Das Leitrad ist gleichzeitig als **Fuß** ausgebildet und stützt sich dadurch auf den, Ober- und Unterwasserkammer trennenden Zwischenboden. Daran hängt das **Saugrohr**, welches im allgemeinen eine größte Länge von 3 m erhalten kann. Das Laufrad ist durch einen mittelst der angebrachten Haken bequem zu hebenden **Deckel** nach oben abgedeckt. Die Lagerung des rotierenden Teiles erfolgt, wie im § 15 unter 1 angegeben wurde. Natürlich läßt sich hier ebensogut ein Ringspurzapfen verwenden, wie dies z. B. in Fig. 89 der Fall ist. Diese Figur stellt eine Ausführung der Firma **G. Luther, Braunschweig,** dar.

Für sehr kleine **Gefälle** (0,5—2 m) ist die Ausbildung eines besonderen Saugrohres schwierig. Man findet daher hier die Anordnung Fig. 90, welche eine Anlage der Firma **Briegleb, Hansen & Co.** wiedergibt. Wie ersichtlich, ist das Saugrohr als **Betonkrümmer** ausgeführt, wodurch sich Gefälle bis zu 0,5 m herunter ausnutzen lassen. Die Figur zeigt wiederum die Anwendung eines Fontainezapfens, jedoch mit Stützung der Tragstange auf dem Fundamente selbst. Außerdem sind der Feinrechen, sowie die von innen zu bedienende Einlaßschütze deutlich zu erkennen.

Fig. 91 stellt eine von derselben Firma gebaute Turbine von 232 PS. in **Zwillingsanordnung** dar. Durch letztere erzielt man für die zu

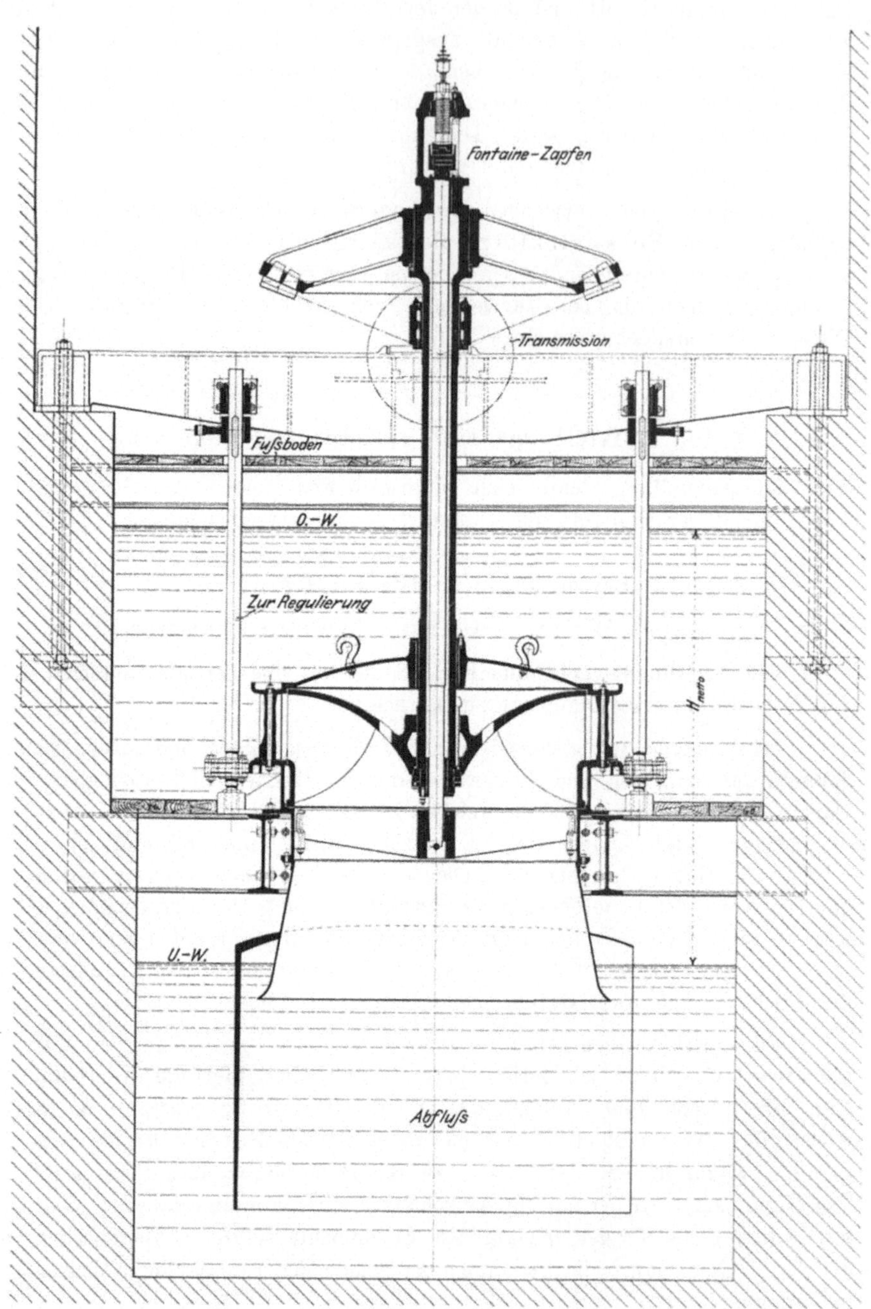

Fig. 88.
Stehende Francis-Turbine. Normale Ausführung.

verarbeitende Wassermenge eine größere Umdrehungszahl, da jedes Laufrad nur die halbe Wassermenge zu verarbeiten hat und daher einen um
$\dfrac{1}{\sqrt{2}}$ kleineren Durchmesser erhält. Die Umdrehungszahl würde also dadurch
1,42 mal so groß. Auch sind bei der Anlage sogen. „Schnelläufer"
(vergl. § 10) eingebaut, damit die Umlaufszahl noch weiter gesteigert werden

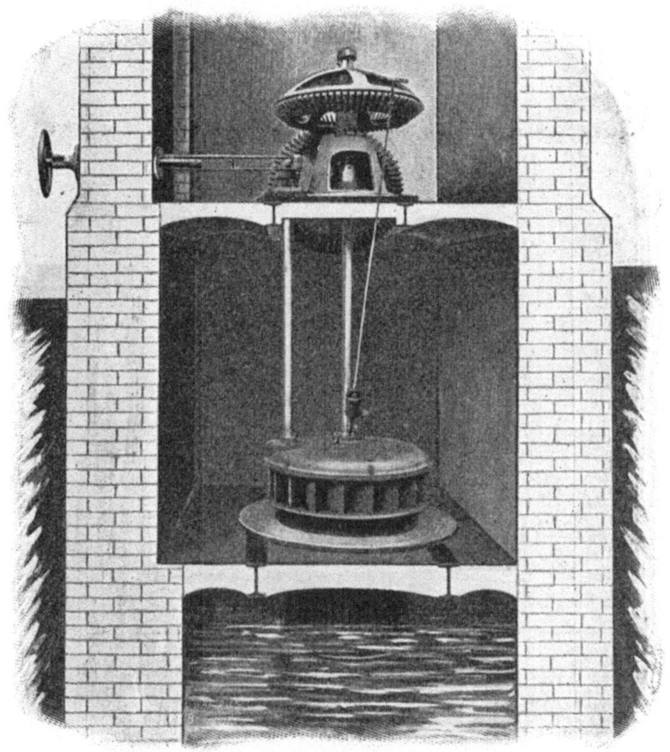

Fig. 89.
Stehende Francis-Turbine. Gebaut von G. Luther, Braunschweig.

kann. Die Turbine, welche die oben sichtbare Dynamomaschine treibt,
macht daher 175 Umdrehungen pro Minute bei einem geringen Gefälle
von 4,5 m.

Der Vorteil der stehenden Welle ist der, daß das Triebwerk
stets hochwasserfrei gelegt werden kann. Größere Anlagen zum Betriebe
von Elektrizitätswerken erhalten daher vielfach auch bei höherem
Gefälle als 4 m stehende Welle. Der Anker der Dynamomaschine rotiert
dann in horizontaler Ebene und das ganze Werk nimmt im Vergleich zu
einer liegenden Anordnung sehr wenig Raum in Anspruch.

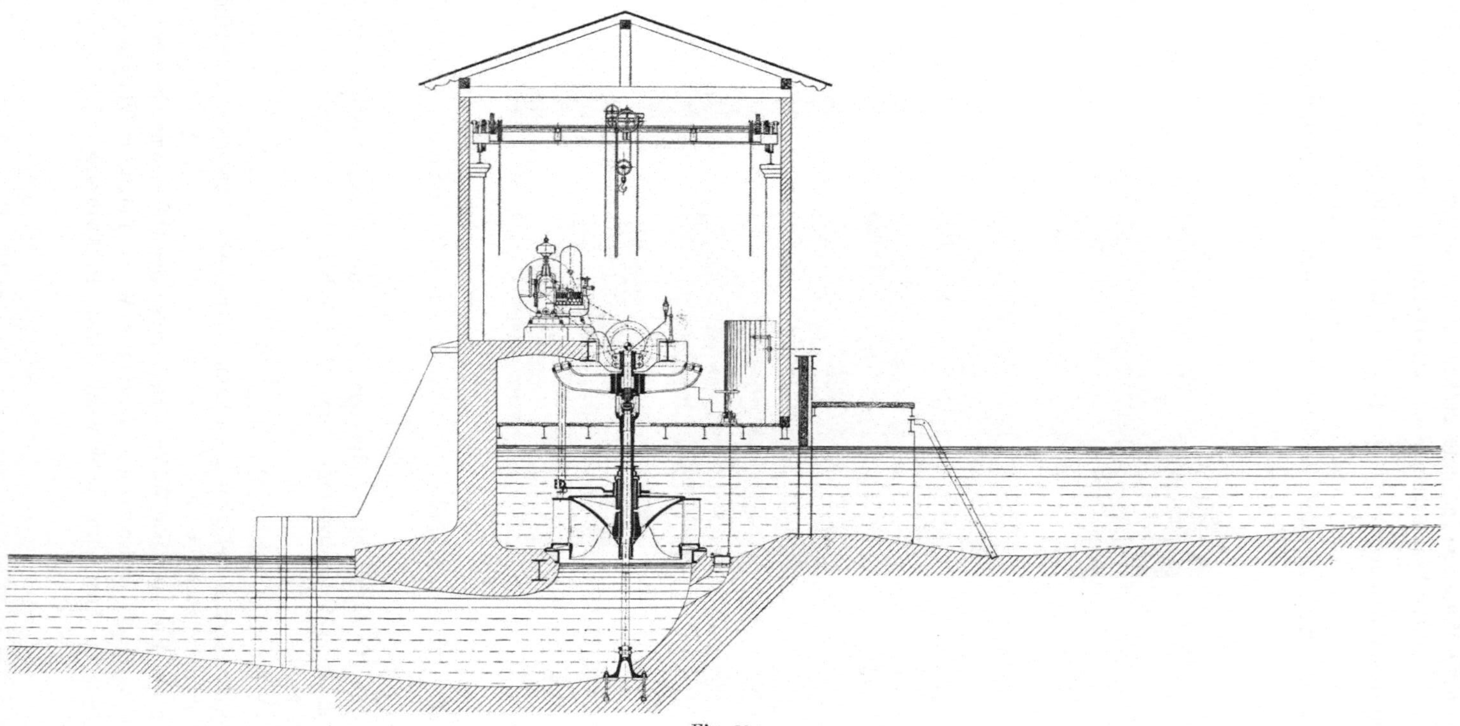

Fig. 90.

Stehende Francis-Turbine für kleinste Gefälle. Gebaut von Briegleb, Hansen & Co., Gotha.

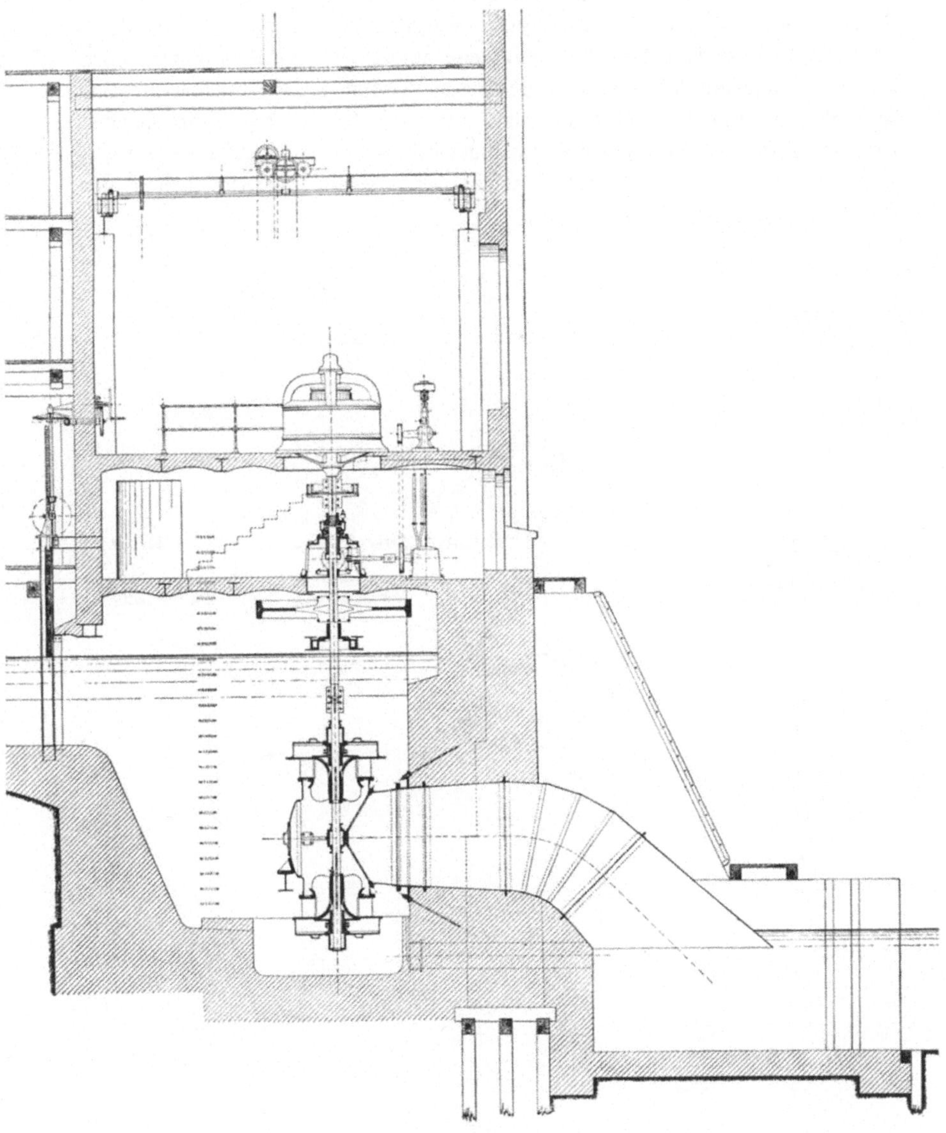

Fig. 91.

Zwillingsturbine von 232 PS. Gebaut von Briegleb, Hansen & Co., Gotha.
($Q = 4{,}5$ cbm/sek., $H = 4{,}5$ m, $n = 175$ pro Minute.)

B. Bei mittlerem Gefälle von 3—10 m.

Liegende Welle. — Offene Oberwasserkammer.

Die hierfür meist übliche Anordnung stellt Fig. 92 dar. Das Saugrohr beginnt als gußeiserner Krümmer, der sich auf einen Fundamentring

aufsetzt, an welchen sich das eigentliche Saugrohr aus Blech dann anschließt. Das Leitrad ist mit einem erweiterten Kranz in die kräftige Trennungsmauer zwischen Wasserkammer und Maschinenraum einbetoniert, jedoch so, daß ein leichtes Nachsehen der inneren Teile trotzdem möglich ist. Fig. 93 und 94 stellen dies dar. In Fig. 94 ist der Leitraddeckel zum Reinigen des Leitapparates und zum Nachsehen des Laufrades herausgezogen. Die hier abgebildete Turbine ist wieder eine Ausführung der Firma G. Luther, Braunschweig.

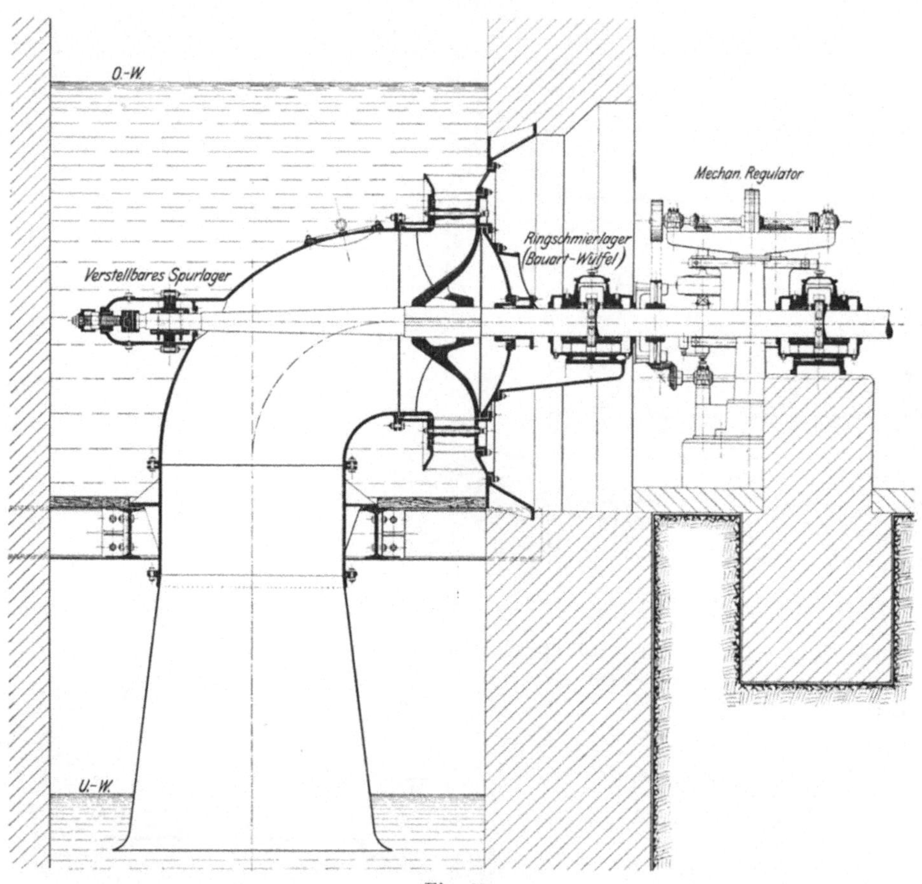

Fig. 92.
Liegende Francis-Turbine für mittlere Gefälle. Normale Anordnung.

Die Welle ist einerseits im Saugrohrkrümmer, andererseits in einem Ringschmierlager am Leitraddeckel gelagert. Das Lager am Saugrohr ist, wie Fig. 92 zeigt, als Spurlager und vollkommen wasserdicht auszuführen. Es erhält zweckmäßig ebenfalls Ringschmierung, damit es keiner Wartung bedarf.

Zur Steigerung der Umdrehungszahl ist auch hier die Ausbildung als Zwillingsturbine üblich, wie sie z. B. in Fig. 95 dargestellt

Fig. 93.　　　　Fig. 94.

Liegende Francis-Turbine für mittlere Gefälle.　Gebaut von G. Luther, Braunschweig.

ist. Hierbei ist das Saugrohr gemeinsam und bildet als festes T-Stück gleichzeitig den Fuß zur Befestigung der Leiträder und des hinteren Lagers.

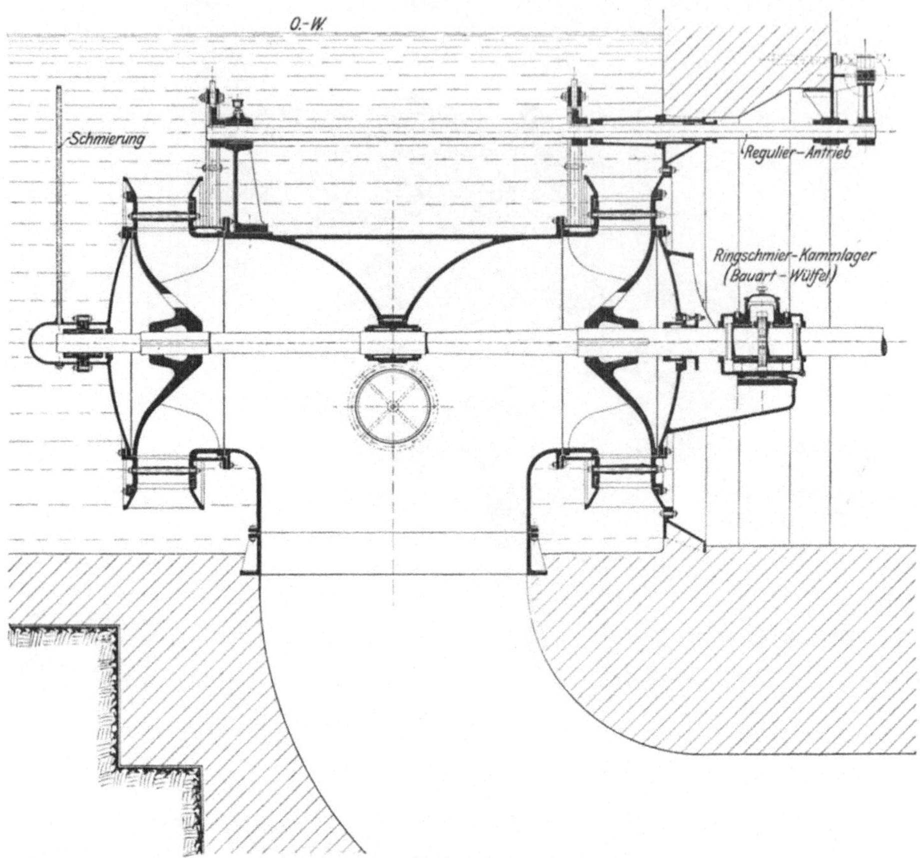

Fig. 95.
Liegende Zwillingsturbine für mittlere Gefälle. Normale Anordnung.

Für noch höhere Umlaufszahl werden in ähnlicher Weise schließlich **Doppelzwillingsturbinen** gebaut, also 4 Laufräder auf gemeinsamer Welle angeordnet. Eine derartige von Briegleb, Hansen & Co. ausgeführte Anlage, die wieder mit sogen. Schnelläufern ausgerüstet ist, zeigt Fig. 96.

C. Bei hohem Gefälle von 10—80 (—120) m.
Liegende Welle. — Rohrzuleitung.

Die hier gebräuchliche Anordnung ist in Fig. 97 dargestellt. Die Rohrleitung wird zur Raumersparnis zweckmäßig im Kellergewölbe des Maschinenhauses verlegt, der Anschluß befindet sich dann also unten. Die Turbine ist meist von einem spiralförmig ausgebildeten Gehäuse umgeben, weshalb diese ganze Turbinenart auch als „Spiralturbine" bezeichnet wird. Die Spiralform bildet den Vorteil der gleichmäßigen und stetigen Wasser-

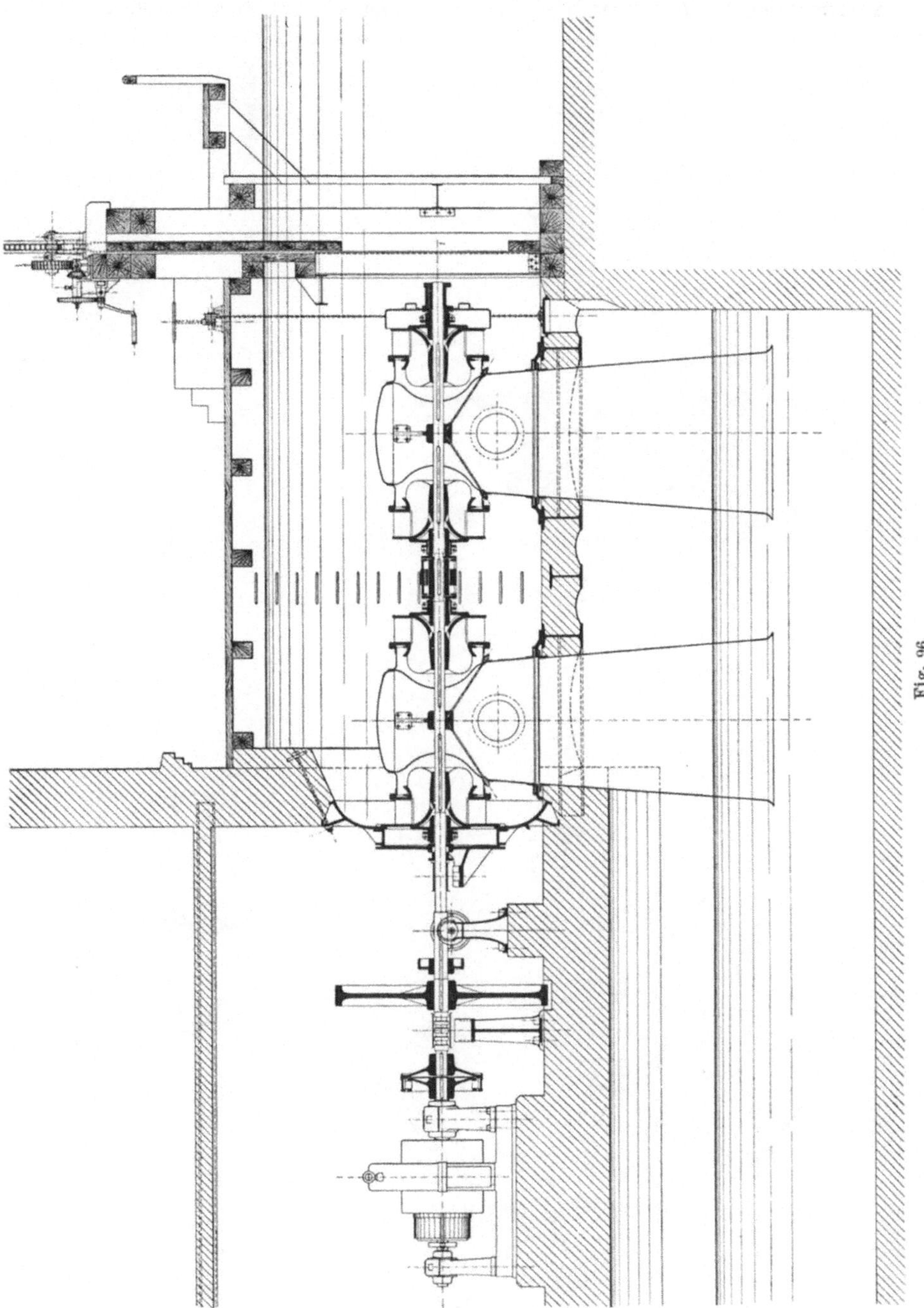

Fig. 96.
Liegende Doppel-Zwillingsturbine. Gebaut von Briegleb, Hansen & Co., Gotha.

führung, indem die Querschnitte so bemessen werden, daß unter Einhaltung einer bestimmten Geschwindigkeit zwischen 2—4 m/sek. bei a die volle Wassermenge, bei b nur noch $^3/_4$, bei c $^1/_2$ und bei d $^1/_4$ derselben durch-

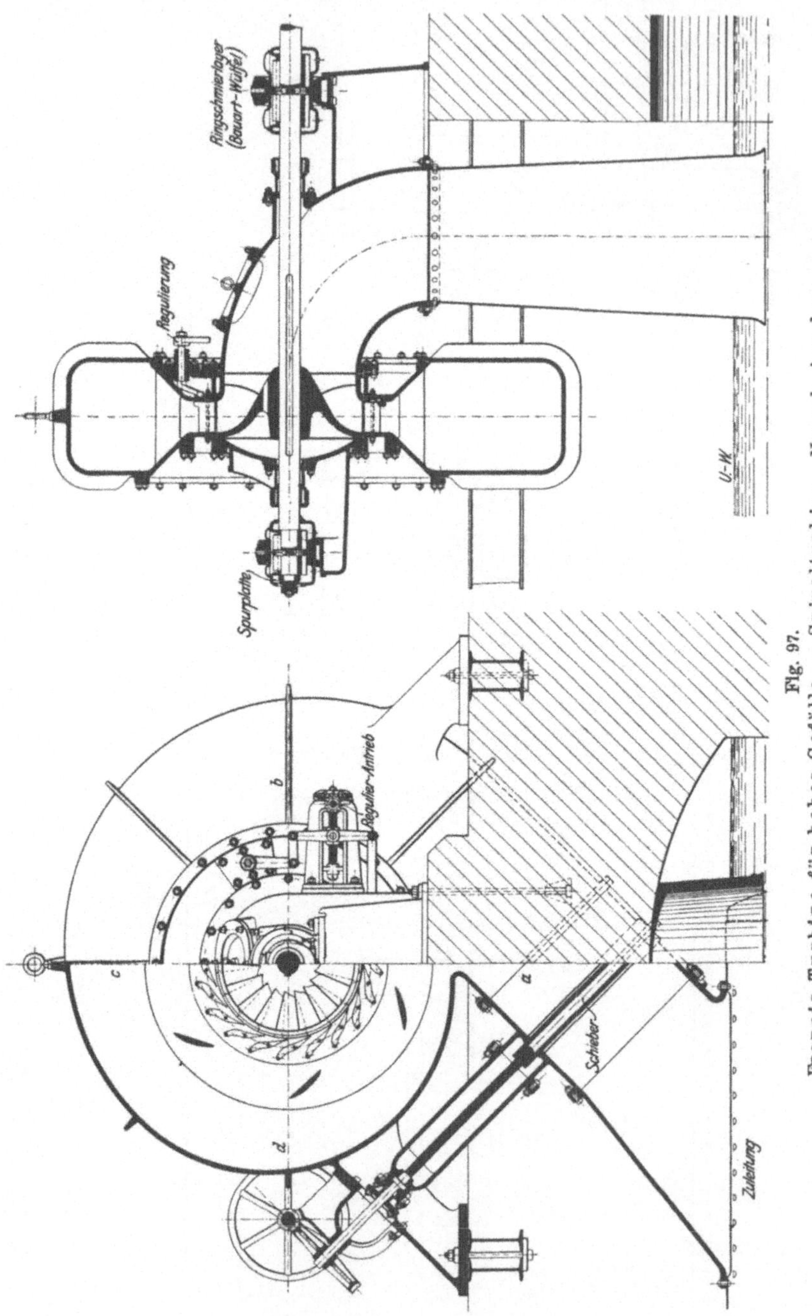

Fig. 97.

Francis-Turbine für hohes Gefälle. — Spiralturbine. Normale Anordnung.

fließt. Das Gehäuse selbst kann durch einen Schieber oder eine Drosselklappe abgesperrt werden. Zur Regulierung dienen jedoch wieder die früher erwähnten Arten. Die Ausbildung der Rohrleitung selbst wurde ebenfalls früher (§ 4) erläutert. Wie dort angegeben war, ist bei größerem Gefälle eine Art Sicherheitsventil am Rohrende erforderlich, welches sich bei plötzlichem Abstellen der Turbine selbsttätig öffnet.

An Stelle des gußeisernen Spiralgehäuses wird auch ein solches aus Blech ausgeführt, wie dies z. B. aus Fig. 98 (Bauart Luther) hervorgeht.

Fig. 98.
Spiralturbine. Ausgeführt von G. Luther, Braunschweig.

Zur Erzielung einer höheren Umdrehungszahl wird auch hier schließlich die Zwillingsanordnung getroffen, wie dies z. B. aus Fig. 99 ersichtlich ist. Hier ist natürlich eine Teilung des Spiralgehäuses oder aber des Saugrohres erforderlich, was größere Kosten verursacht. Neuerdings verlassen daher einige Firmen bei Zwillingsanordnung die Spiralform des Gehäuses und bauen beide Leit- und Laufräder in einen zylindrischen Kessel ein, eine Bauart, die unter dem Namen „Kesselturbine“ vielfach auftritt. —

Schlußfolgerung: Die Francis-Turbine genügt den früher aufgestellten Forderungen der Neuzeit vollkommen, was ihre allgemeine und fast ausschließliche Anwendung für kleine und mittlere Gefälle erklärlich

macht! Nur bei großen Gefällhöhen sind einige Strahlturbinen, besonders
das Tangentialrad, mit großem Erfolge in Anwendung.

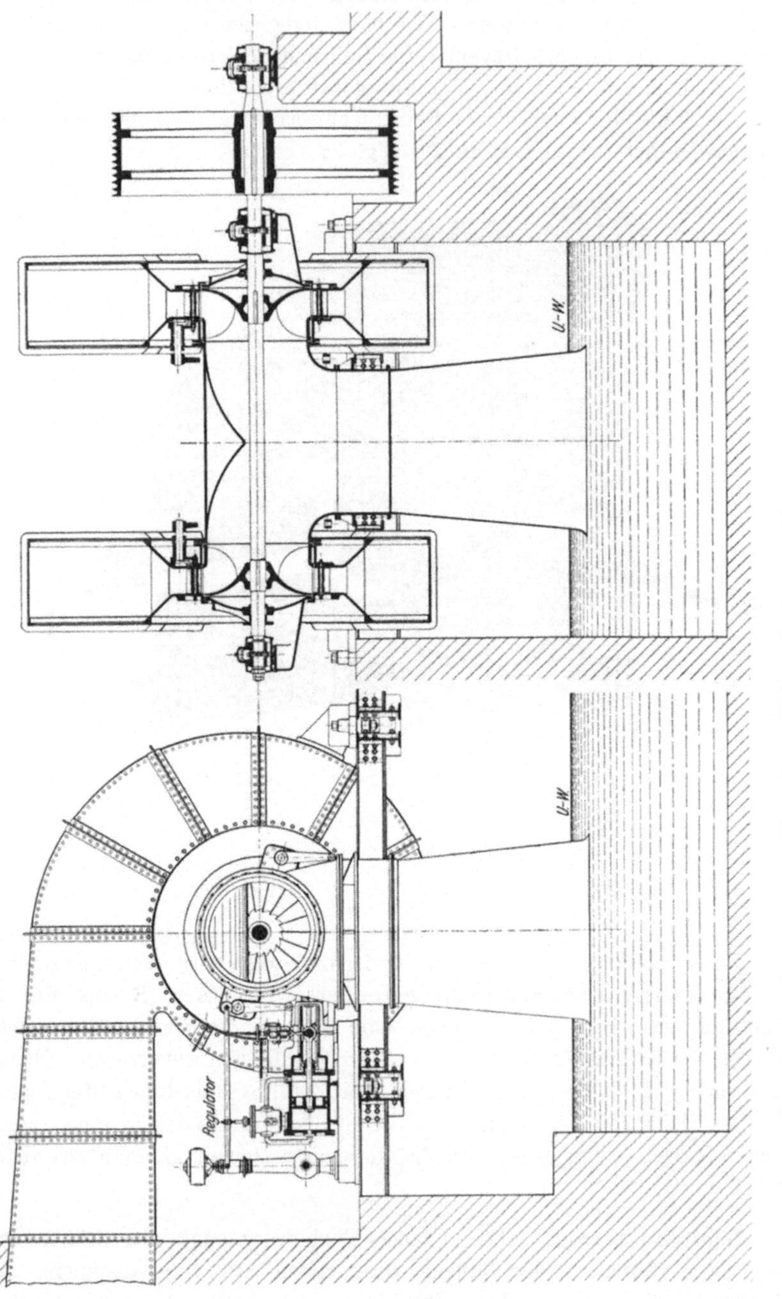

Fig. 99. Zwillings-Spiral-Turbine.

Kapitel IV.

Strahlturbinen.

---

§ 17. Allgemeines. Berechnungen und Annahmen.

Strahl-, Freistrahl-, Druck- oder Aktionsturbinen unterscheiden sich prinzipiell von Reaktionsturbinen dadurch, daß sich das Laufrad stets frei über dem Unterwasserspiegel bewegt! — Allerdings trifft man in einigen Ausnahmefällen auch hier eine Art Saugrohr. Jedoch hat dies hier einen anderen Zweck, nämlich den, einen luftverdünnten Raum zu schaffen, in welchem das Laufrad arbeitet.

Wie schon früher erwähnt, war diese Turbinenart wahrscheinlich die ursprüngliche und eine dem Wasserrade ähnelnde Form soll bereits im Altertume bekannt gewesen sein. Sicher ist, daß Aktionsturbinen wenigstens schon im 15. Jahrhundert, allerdings in primitivster Weise ausgeführt wurden, wie aus Leonardo da Vincis Schriften hervorgeht.

Zur eigentlichen Anwendung gelangten aber auch diese Turbinen erst in der Mitte des 19. Jahrhunderts. Zuerst war es das sogen. Tangentialrad, eine von dem Schweizer Ingenieur Zuppinger im Jahre 1846 eingeführte Turbinenart, welche jedoch erst in neuerer Zeit unter der abgeänderten Form des heutigen Pelton- oder Tangentialrades sich große Bedeutung verschafft hat. Sodann ist die heute noch vielfach mit gutem Erfolge in Anwendung befindliche Schwamkrug-Turbine, eine von innen beaufschlagte radiale Strahlturbine zu nennen, welche um 1850 von dem sächsischen Kunstmeister Schwamkrug konstruiert wurde. Schließlich ist die achsiale Strahlturbine zu erwähnen, eine Erfindung des Franzosen Girard um 1863, welche lange Jahre eine große Rolle im Turbinenbau gespielt hat.

Man verwendet die Strahlturbinen heutzutage nur bei geringer Wassermenge und großem Gefälle. In allen anderen Fällen ist ihnen die Francisturbine hinsichtlich des Wirkungsgrades, der Zugänglichkeit und der Regulierfähigkeit überlegen, wie in den folgenden §§ noch des näheren untersucht werden soll.

A. Bewegung und Arbeitsleistung des Wassers in Strahlturbinen.

Wie im § 6 bereits bei der Einteilung der Turbinen hinsichtlich ihrer Wirkungsweise gesagt wurde, ist hier zum Unterschiede von Reaktionsturbinen die Austrittsgeschwindigkeit des Wassers aus dem Leitrade eindeutig bestimmt. Beträgt die Höhe vom Oberwasser-spiegel bis zum Leitradaustritt h_l m (vergl. Fig. 38, Seite 26), so würde das Wasser mit der theoretischen Geschwindigkeit $w_1 = \sqrt{2gh_l}$ aus dem Leitrade ausströmen. Für praktische Berechnungen hat man jedoch einen Ausflußkoeffizienten zu berücksichtigen, welcher hier durchschnittlich zu $\varphi = 0{,}94\text{---}0{,}98$ gesetzt werden kann, so daß man eine Strömgeschwindig-keit des Wassers von:

$$w_1 = \varphi \cdot \sqrt{2 \cdot g \cdot h_l}$$

als grundlegende Rechnungsgröße erhält. — (Vergl. zum Unter-schiede bei Reaktionsturbinen § 8A. die Hauptgleichung $u_1 = 0{,}88 \cdot \sqrt{g \cdot H}$.)

Mit dieser Geschwindigkeit strömt also das Wasser in einer durch die Schaufeln festgelegten Richtung aus dem Leitrade aus, vor welchem sich das Laufrad wieder mit der Umfangsgeschwindigkeit u_1 vorbeibewegt. Da auch hier, wie bei der Reaktionsturbine stoßfreier Eintritt in das Lauf-

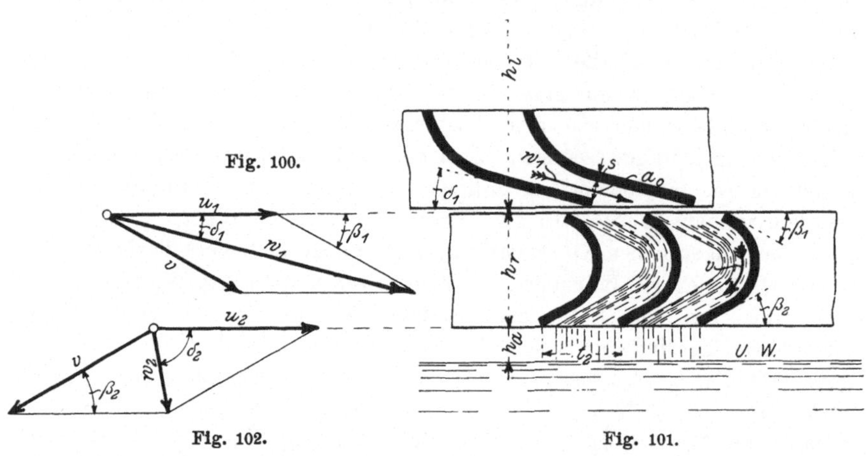

Fig. 100.

Fig. 102.   Fig. 101.

rad verlangt wird, ist an der Übergangsstelle das Geschwindigkeits-parallelogramm aus den auftretenden Geschwindigkeiten zu konstruieren. Dasselbe ist in Fig. 100 dargestellt, während Fig. 101 den Zusammenhang mit den Schaufeln wiedergibt. Ein Vergleich mit den früheren Parallelo-grammen (Fig. 45—47) ist sofort zu ziehen, wenn auch zum Unterschiede zu beachten ist, daß die Winkel und dadurch die Schaufelformen andere geworden sind.

Mit der aus dem Parallelogramm Fig. 100 sich ergebenden Relativ-geschwindigkeit v_1 strömt das Wasser an der Laufradschaufel entlang, und zwar als freier Strahl (Freistrahlturbine), ohne die rückwärtige Schaufelwand zu berühren. Da der Fall um die Höhe h_r nur gering ist und eine durch den Fall eigentlich bedingte geringe Geschwindigkeits-steigerung durch Widerstände infolge Reibung und Ablenkung verhindert wird, so kann die Geschwindigkeit beim Austritt $v_2 = v_1$ gesetzt werden.

Man rechnet also hier genügend genau mit einer gleichbleibenden Durchflußgeschwindigkeit v (s. Fig. 101).

Am Laufradaustritt ergibt sich nun folgendes: Mit v strömt das Wasser relativ zur Schaufel aus dieser heraus, während dieselbe sich hier mit u_2 bewegt. Beide Geschwindigkeiten zum Parallelogramm vereinigt, ergeben, wie früher, die Resultierende w_2, d. h. die absolute Austrittsgeschwindigkeit mit der das Wasser in den Unterwasserkanal strömt (s. Fig. 102). Auch hier wird man darauf sehen, w_2 so klein wie möglich zu erhalten, da die Geschwindigkeitshöhe $\dfrac{w_2^2}{2g}$ natürlich wieder einen Verlust an der nutzbaren Gefällhöhe bedeutet. Letztere wird aber schon ohnedies bei Strahlturbinen infolge des Freihängens verringert, wobei die Höhen h_a, und wie oben ausgeführt sogar h_r als Verlusthöhen zu betrachten sind, so daß nur h_l eigentlich zur Ausnutzung gelangt (vergl. auch Fig. 38).

Die **Arbeitsleistung** des Wassers bei der Strahlturbine rührt nun lediglich von der Zentrifugalkraft her, die der Strahl beim Durchfließen der stark gekrümmten Laufradschaufel auf diese ausübt. Diese Zentrifugalkraft wird zur Umfangskraft, welche mit der Umfangsgeschwindigkeit multipliziert die Arbeitsleistung dann ergibt.

Der Beweis sei an Hand der Fig. 103 erbracht, in welcher eine Schaufel dargestellt ist, deren Krümmung einen vollen Halbkreis umschließt. Es ist dies die Schaufelform, wie sie annähernd beim Peltonrade auftritt, wie später im § 20 erläutert werden soll. Nimmt man nun an, daß die Strahlstärke a im Vergleich zur Schaufel nur gering ist, so würde sich für die in der Schaufel befindliche Wassermasse m eine Zentrifugalkraft ergeben von der Größe

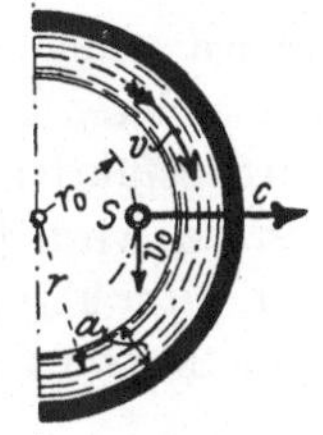

Fig. 103.

$$C = \frac{m \cdot v_0^2}{r_0},$$

wobei v_0 und r_0 die Geschwindigkeit bezw. den Radius des Schwerpunktes eines als Halbkreis gedachten Strahles darstellen.

Nun ist aber bekanntlich

$$r_0 = r \cdot \frac{2}{\pi} \quad \text{und} \quad v_0 = v \cdot \frac{2}{\pi}$$

(vergl. Figur) und dies eingesetzt ergibt

$$C = \frac{m \cdot v^2}{r} \cdot \frac{2}{\pi}.$$

Die Masse des in der Schaufel fließenden Strahles beträgt aber

$$m = \frac{a \cdot b \cdot r \cdot \pi \cdot \gamma}{g} = \frac{a \cdot b \cdot r \cdot \pi}{g},$$

wobei b die Strahlbreite und $\gamma = 1$ das spezifische Gewicht bedeuten.

Es wird also die Umfangskraft für eine Schaufel (von 180° Krümmung):

$$C = 2 \cdot \frac{a \cdot b}{g} \cdot v^2.$$

Um nun die durch die beaufschlagende Wassermenge Q erzeugte gesamte Umfangskraft zu erhalten, soll angenommen werden, daß diese ganze Wassermenge durch eine einzige Laufradschaufel hindurchströmt, so daß man zu setzen hätte

$$a \cdot b \cdot v = Q.$$

Dies in die obige Gleichung für C eingesetzt, ergibt dann:

$$\boldsymbol{C = 2 \cdot \frac{Q}{g} \cdot v.}$$

Schließlich erhält man die Arbeitsleistung einer Strahlturbine bei der angegebenen Schaufelform, indem man das Produkt aus C und der mittleren Umfangsgeschwindigkeit u bildet, zu

$$\boldsymbol{A = 2 \cdot \frac{Q}{g} \cdot v \cdot u,}$$

welches in mkg/sek. auszudrücken wäre.

Die Schaufeln der meisten Strahlturbinenarten umschließen allerdings keinen vollen Halbkreis, auch ist die Schaufelform oft mehr oder weniger aus anderen Kurven zusammengesetzt. Jedoch ergibt sich aus der soeben durchgeführten Betrachtung, daß die Umfangskraft stets um so größer werden wird, je größer einerseits v ist, je größer andererseits aber auch der durchflossene Bogen gewählt wird, so daß man diesen Umständen beim Entwurf der Schaufelform jedenfalls Rechnung tragen wird.

B. Sonstige Berechnungen sowie Wahl der Schaufelwinkel.

Wie unter A bereits ausgeführt wurde, ist die für die Berechnung einer Strahlturbine maßgebende Grundgleichung

$$\boldsymbol{w_1 = \varphi \cdot \sqrt{2 \cdot g \cdot h_l},}$$

wobei $\varphi = 0,94$—$0,98$ ist.

Aus dieser Geschwindigkeit, sowie aus der vorhandenen Wassermenge Q sind nun die Ausflußquerschnitte des Leitrades zu bestimmen. Oftmals, wie später aus den §§ 19 und 20 hervorgeht, wird hierbei nur ein sehr kleiner Querschnitt erforderlich, so daß gar kein vollständiges Leitrad ausgebildet werden könnte und deshalb eine Art Düse mit einigen oder gar nur einer Leitschaufel Verwendung findet. (Partielle Beaufschlagung.)

Die Querschnitte des Laufrades können dagegen nicht genau berechnet werden. Sie sind nur ausreichend groß zu wählen, damit die freie Ausbildung des Strahls möglich wird. Der Laufraddurchmesser kann infolgedessen in gewissen Grenzen beliebig angenommen werden, so daß die Turbine einer gewünschten Tourenzahl leichter angepaßt werden kann. Die Laufradbreite richtet sich jedoch nach der Breite des Leitapparates, dessen Querschnitte genau, wie oben ausgeführt, zu berechnen sind.

Bezüglich der Wahl der Schaufelwinkel und der außer w_1 auftretenden Geschwindigkeiten ist folgendes zu bemerken:

Wie aus der Gleichung für die Arbeitsleistung hervorgeht, müßte darauf gesehen werden, daß sowohl u wie auch v möglichst große Werte erhalten. — Man wählt nun bei allen Strahlturbinen annähernd $v \cong u_1$, so daß das früher gezeichnete Parallelogramm (Fig. 100) zum Rhombus wird, wie in Fig. 104 dargestellt ist. Sowohl u_1 wie v ergeben sich alsdann aus:

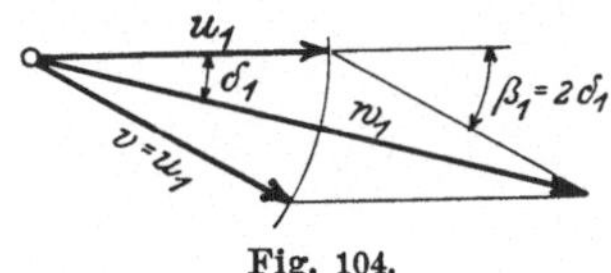

Fig. 104.

$$u_1 = v = \frac{w_1}{2} \cdot \frac{1}{\cos \delta_1}$$

Allerdings lassen sich diese Werte in praktischen Fällen nicht genau einhalten, wie aus dem Beispiel in § 19 hervorgeht, so daß sie nur für vorläufige Rechnungen Geltung haben.

Ferner ergab sich, daß der umflossene Schaufelbogen möglichst groß sein soll, d. h. daß die Winkel β_1 und β_2 möglichst klein werden müssen (vergl. Fig. 101). Man wählt hier deshalb (abgesehen von der Schaufel für Pelton-, Tangential- oder Löffelräder) $\sphericalangle \beta_1 \cong 30^0$, wodurch sich infolge des Parallelogramms Fig. 104

$$\sphericalangle \delta_1 = \frac{\beta_1}{2} \cong 15^0$$

ergibt. Auch diese Werte können nur annähernd eingehalten werden, wie ebenfalls aus dem Rechnungsbeispiel im § 19 hervorgeht.

Der $\sphericalangle \beta_2$ am Schaufelaustritt schließlich ergibt sich aus dem hier auftretenden Parallelogramm Fig. 102. Hier ist u_2 bekannt, ebenso v und die Geschwindigkeit w_2 kann entweder gewählt oder, wie bei Reaktionsturbinen, wiederum aus einem prozentualen Verlust der Gefällhöhe H berechnet werden. Man kann wieder annehmen, daß vielleicht $3-4(-6)^0/_0$ von H zur Erzeugung von w_2 verwendet werden sollen. Jedoch ist zu beachten, daß hier vielfach H sehr groß ist, also zweckmäßig nur ein geringer Prozentsatz gewählt wird. Es wird also z. B.:

$$w_2 = \sqrt{2 \cdot g \cdot 0{,}03 \cdot H}.$$

Damit sind hier die Geschwindigkeiten, also auch das Parallelogramm, und schließlich die Richtung der Schaufelaustrittskante durch $\sphericalangle \beta_2$ festgelegt.

Die Schaufelstärken s können, falls Blechschaufeln Verwendung finden, gewählt werden wie bei den Reaktionsturbinen angegeben wurde. Über die Schaufelweite a_2 im Laufrade läßt sich hier keine Bestimmung treffen, da die Zwischenräume ja nicht ganz mit Wasser ausgefüllt sein dürfen. Es handelt sich hier um konstruktive Ausbildung, und es sei daher lediglich auf das spätere Beispiel verwiesen.

§ 18. Die Girard-Turbine und die Grenzturbine.

1. Die Girard-Turbine

ist, wie die Fig. 105—107 darstellen, eine achsiale Strahlturbine mit stehender Welle. Sie besitzt ein vollständiges Leitrad, so daß also das Laufrad ringsherum gleichmäßig beaufschlagt wird.

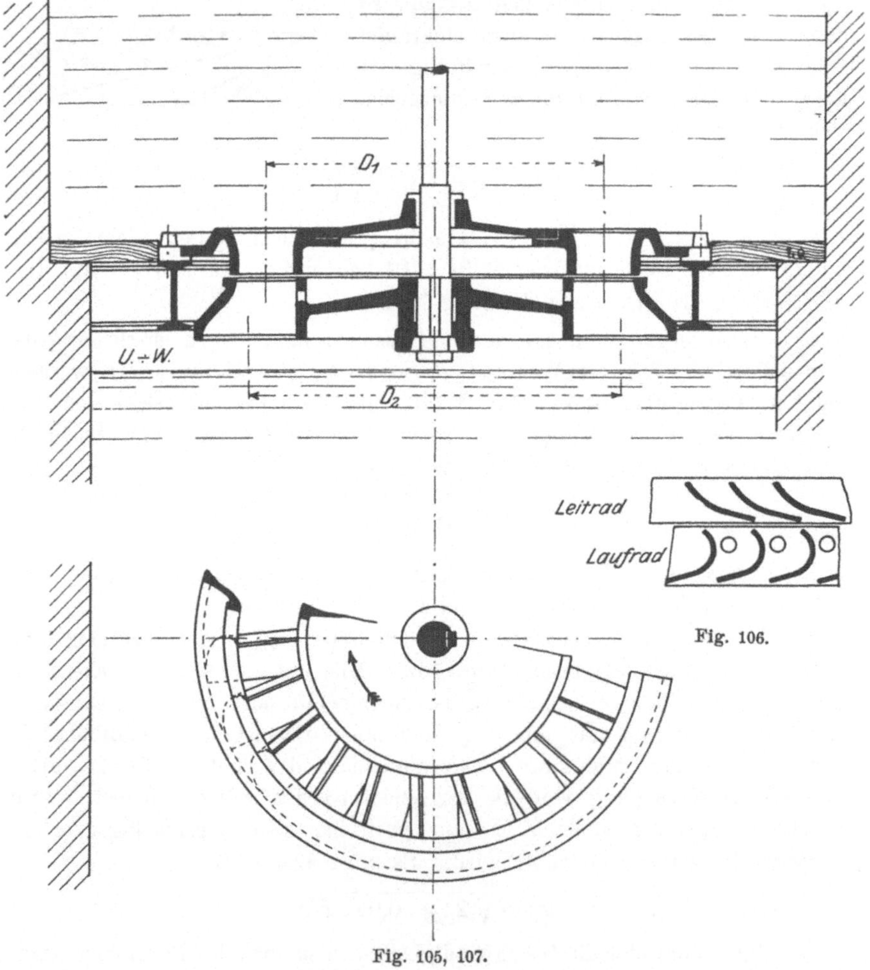

Die Einführung dieser Turbinenart wurde seinerzeit in Europa sehr begrüßt, da die damals übliche Jonval-Turbine nur eine mangelhafte Regulierfähigkeit besaß. Die Girard-Turbine gestattete jedoch eine gute Regulierung durch einfaches Abdecken einiger Leitkanäle, wodurch (in-

folge der im Gegensatze zu Reaktionsturbinen ganz anderen Wirkungsweise des Wassers im Laufrade) keineswegs der Wirkungsgrad beeinträchtigt wurde.

Über die Ausbildung der Turbine, welche aus den Figuren ersichtlich
ist, gilt kurz folgendes:

Der äußere Laufradkranz wird nach außen etwas herausgezogen,
damit die freie Entfaltung des Strahls auch vollständig möglich ist. Das
Laufrad selbst wird zweckmäßig schon oben etwas breiter gehalten als
das Leitrad. Im Innenkranze sind Ventilationsöffnungen angebracht, durch
welche sich die durch den Strahl mitgerissene Luft stets erneuert.
Öffnungen am Außenkranze, die man ebenfalls mitunter antrifft, sind dagegen zu vermeiden, da dann das Laufrad wie ein Ventilator wirkt und
Luft sowohl wie Wasser nach außen schleudert. Die Laufradschaufel
kann der Einfachheit halber, wie der Grundriß Fig. 107 darstellt, hier
als Zylinderfläche ausgebildet und so gestellt werden, daß ungefähr ihre
Mitte zwischen Ein- und Austritt radial steht, obgleich dies theoretisch
nicht ganz richtig ist. Ihre Form stellt der Seitenriß Fig. 106 dar. An
das gerade, unterm $\sphericalangle\, \beta_2$ verlaufende untere Ende schließt sich ein Kreisbogen, der oben wieder in eine kurze gerade Linie unterm $\sphericalangle\, \beta_1$ ausläuft.
Die Schaufeln bestehen meist aus Eisenblech und sind in den Kranz
eingegossen.

Die Regulierung der Girard-Turbine erfolgt entweder durch
Klappen, die einzelne Leitkanäle von oben abdecken, oder bei besseren
Ausführungen durch sogen. Rollschützen, welche über das Leitrad nach
Art eines Rolladens gelegt werden, bezw. durch halbkreisförmige Hauben,
deren Einlauf man durch einen Ringschieber zuschiebt.

Heutzutage findet man Girard-Turbinen jedoch nur selten noch in
Anwendung. Diese Turbinen würden sich vermöge ihrer Bauart am
besten für große Wassermengen und geringe Gefällhöhen eignen. Bei
geringem Gefälle bedeuten aber die durch Freihängen, Radhöhe und zur
Erzeugung der Austrittsgeschwindigkeit auftretenden Verluste einen so
großen Prozentsatz der Gefällhöhe, daß der Wirkungsgrad hier nur gering
werden kann. Ferner ist bei der Girard-Turbine das Laufrad, wie bei
allen Achsialturbinen, vom Leitrade verdeckt, also unzugänglich. Schließlich ist vor allem der nachteilige Umstand zu beachten, daß der Unterwasserspiegel infolge Rückstau so weit steigen kann, daß er in das Laufrad eindringt. Hierdurch würde sofort die Wirkungsweise der Turbine
und dadurch ihr Wirkungsgrad sehr nachteilig beeinflußt. Man müßte in
diesem Falle also h_a noch recht groß wählen und würde dadurch die
nutzbare Gefällhöhe noch mehr verringern. Alle diese Übelstände haben
dazu geführt, daß die Girard-Turbine ganz von der Francis-Turbine
verdrängt wurde.

2. Die Grenzturbine oder auch: Kombinations- oder Hähnel-Turbine.

Dieselbe ist aus der Girard-Turbine unter Berücksichtigung und zur Vermeidung des letztgenannten Übelstandes entstanden. Äußerlich ist diese Turbine der erstgenannten gleich. Der charakteristische Unterschied liegt lediglich in der Ausbildung der Laufradschaufeln. Diese Schaufeln sind in Fig. 108 dargestellt. Wie Figur zeigt, handelt es sich um eine Art Girard-Schaufeln, welche jedoch mit sogen. Rückenschaufeln versehen werden, wodurch nun der Wasserstrahl wieder Führung erhält, falls er den ganzen Querschnitt ausfüllt.

In normalen Fällen arbeitet die Turbine als Strahlturbine. Steigt aber das Unterwasser so weit an, daß das Laufrad in dasselbe eintaucht, so werden die Laufradquerschnitte ganz mit Wasser ausgefüllt, und die Turbine arbeitet alsdann als Reaktionsturbine, allerdings unter nicht besonders günstigen Verhältnissen.

Die Turbine, eine Erfindung des Ingenieurs Hähnel, steht also gewissermaßen an der Grenze zwischen Strahlturbinen und Reaktionsturbinen (Grenzturbine), bezw. sie bildet eine Kombination der beiden Turbinenarten (Kombinationsturbine). Auch diese Turbine ist, besonders wegen ihres schlechteren Nutzeffektes als Reaktionsturbine und ihrer dann mangelhaften Regulierfähigkeit, von der Francis-Turbine verdrängt worden.

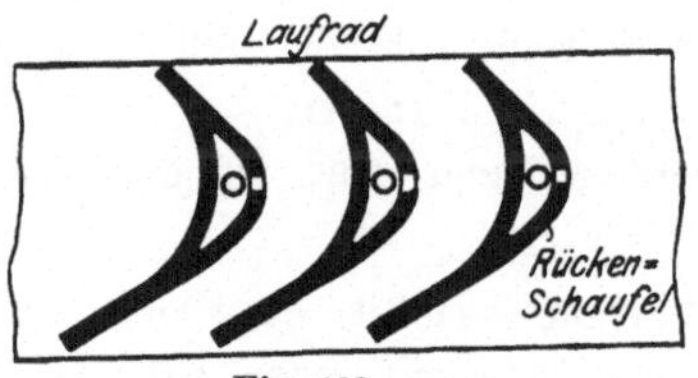

Fig. 108.

§ 19. Die Schwamkrug-Turbine und ihre Berechnung.

Diese Turbine, wie auch das im § 20 zu behandelnde Tangentialrad, sind die einzigen Strahlturbinen, die in der Neuzeit mit der Francis-Turbine bei größerem Gefälle erfolgreich in Wettbewerb treten und dieselbe sogar bei hohem Gefälle (von mehr als 100 m) durch besseren Wirkungsgrad und einfachere Ausbildung übertreffen. Daher sollen diese beiden Arten noch einer eingehenderen Besprechung gewürdigt werden.

Eine Schwamkrug-Turbine ist in den Fig. 109, 110*) dargestellt, und zwar zeigen dieselben eine Bauart der Firma Piccard, Pictet in Genf. Wie ersichtlich, hat man es bei der Schwamkrug-Turbine mit einer radial von innen beaufschlagten Strahlturbine zu tun, deren Beaufschlagung jedoch nur teilweise erfolgt. Man nennt solche Turbinen, welche kein vollständiges Leitrad besitzen, partiell beaufschlagte oder „Partialturbinen". Wie aus Fig. 110 hervorgeht, ist dort nur eine einzige Leitschaufel vorhanden, eine Bauart, wie sie heute vielfach angewendet wird und welche auf die meist geringe Wassermenge hindeutet. Große Leistungen werden eben dadurch erzielt, daß das Gefälle, wie schon

*) Nach Reichel, Z. d. V. d. Ing. 1901, S. 1634.

erwähnt, meist sehr groß ist. Bei der gezeichneten Turbine beträgt dasselbe z. B. 500 m.

Für große Gefälle ergibt sich jedoch eine sehr hohe Umfangsgeschwindigkeit des Laufrades und dadurch, infolge der auftretenden Zentrifugalkraft, eine sehr starke Beanspruchung des Kranzes. Bei $H = 200$ m würde z. B. ungefähr $u = 30$ m/sek. sein, und dieser Umfangsgeschwindigkeit würde eine Zugbeanspruchung im Kranze von ungefähr $k_z = 300$ kg/qcm entsprechen, was bekanntlich die zulässige Zugbeanspruchung für Gußeisen ist. Für höheres Gefälle als 200 m wird man daher den Kranz durch aufge-

zogene Stahlringe verstärken müssen (s. Fig. 109) oder aber aus Bronze oder Stahlguß ausführen.

Kranz und Armscheibe sind vielfach zwei getrennt hergestellte, mit-

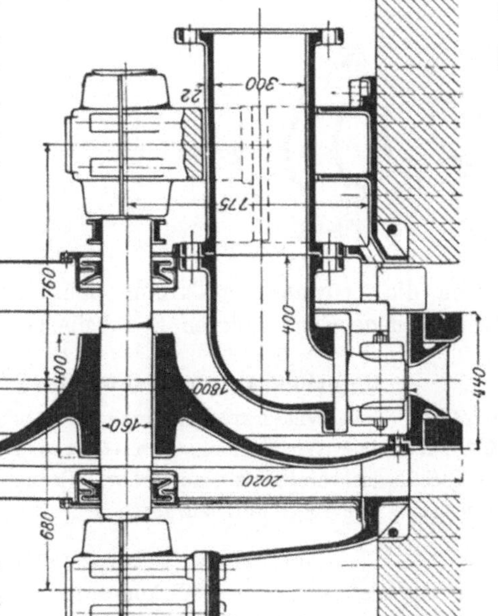

Fig. 109, 110.

Schwamkrug-Turbine. Gebaut von Piccard, Pictet, Genf.
$H = 500$ m, $Q = 0{,}2$ cbm/sek., $n = 500$ pro Minute.

einander verschraubte Teile. Der Kranz trägt dabei wieder die Schaufeln,
die hier auch aus Stahlblech bestehen können, meist jedoch mit dem
Kranz aus einem Stück gegossen werden, d. h. dann also aus dem Material
des Kranzes, Gußeisen, Bronze oder Stahlguß sind. Die Schaufel selbst
besitzt die in Fig. 110 bezw. 114 dargestellte Form.

Die Regulierung ist hier in einfacher Weise zu bewirken. Sie
besteht entweder aus einem Schieber (Blende), wie dies aus Fig. 110
hervorgeht, oder aber aus einer Zunge, wie Fig. 111 zeigt. Letzteres
gibt eine Bauart der Firma J. M. Voith, Heidenheim, wieder. Bei beiden
Arten wird der drehbare Teil von Hand oder einem indirekt wirkenden

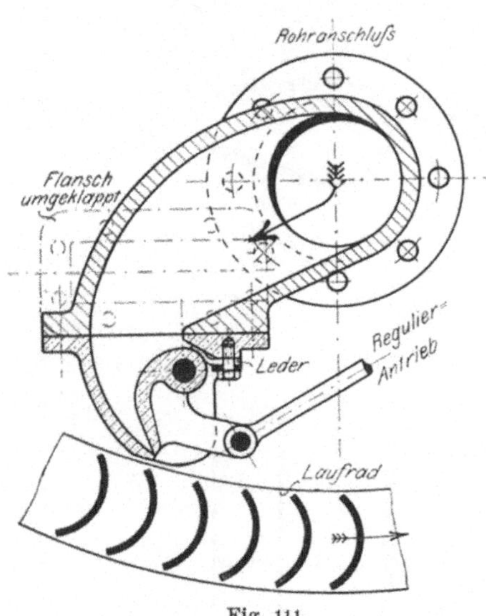

Fig. 111.

Regulator aus verstellt, wodurch die zufließende Wassermenge geregelt wird. Die Zunge,
wie auch oft die ganze Düse
werden zweckmäßig aus Bronze,
oder bei sehr hohem Gefälle aus
Stahlguß ausgeführt. Sie müssen
sorgfältig bearbeitet und eingebaut sein, damit der Strahl auch
genau und unter dem richtigen
Winkel, sowie ohne Spaltung
die Laufradschaufel trifft. Bei
sorgfältiger Ausführung haben
dann die Schwamkrug-Turbinen
einen Nutzeffekt von 80 %.

Vielfach ist an Stelle dieser
Turbine allerdings schon das
Tangentialrad getreten, da hier
noch bessere Wirkungsgrade erzielt werden. In einigen Fällen
kann jedoch die Schwamkrug-Turbine dem letzteren vorzuziehen sein,
so daß verschiedene Firmen deren Bau beibehalten haben.

Berechnung einer Schwamkrug-Turbine.

Beispiel: Eine Wasserkraftmaschine zur Ausnutzung eines Gefälles von
$H = 120$ m und einer Wassermenge von **150 l pro Sekunde** sei zu entwerfen.
Für diese Verhältnisse erscheint eine Schwamkrug-Turbine als zweckmäßig,
deren Berechnung wie folgt durchzuführen ist:

a) Leistung der Turbine.

Unter Zugrundelegung eines Wirkungsgrades von 75% würde sich ergeben:

$$N_e = 10 . Q . H = 10 . 0{,}15 . 120 = \mathbf{180\ PS}.$$

b) Leitapparat.

Nach § 17 lautet die Grundgleichung:

$$w_1 = \varphi . \sqrt{2 . g . h_l}.$$

Wählt man nun $\varphi = 0{,}95$ und setzt man, da das Freihängen des Lauf rades im Vergleich zur Gefällhöhe von 120 m nur wenig ausmacht, $h_l \simeq 120$ m, so ergibt sich:

$$w_1 = 0{,}95 \cdot \sqrt{2 \cdot g \cdot 120} = 46 \text{ m/sek.}$$

Der Ausflußquerschnitt des Leitapparates müßte somit sein:

$$f = \frac{0{,}150}{46} = 0{,}0033 \text{ qm} = 33 \text{ qcm.}$$

Wählt man nun eine Düse von $b_0 = \textbf{95 mm}$ Breite, so würde die Öffnung derselben

$$a_0 = \frac{33}{9{,}5} = 3{,}5 \text{ cm} = \textbf{35 mm} \text{ betragen.}$$

Die Schaufel soll hier unter einem Winkel $\delta_1 = 15^0$ stehen. Die Düse sowie deren drehbare Zunge sollen die Bauart Fig. 111 erhalten und aus Rotguß hergestellt werden.

c) Laufrad und Umlaufszahl.

Der Laufraddurchmesser kann beliebig groß gewählt werden. Es werde hier z. B. angenommen (vergl. Fig. 114): $D_1 = \textbf{1200 mm } \Phi$. Dann wird bei einer Laufradhöhe von $h_r = \textbf{100 mm}$:

$$D_2 = 1200 + 2 \cdot 100 = \textbf{1400 mm } \Phi.$$

Fig. 112.   Fig. 113.

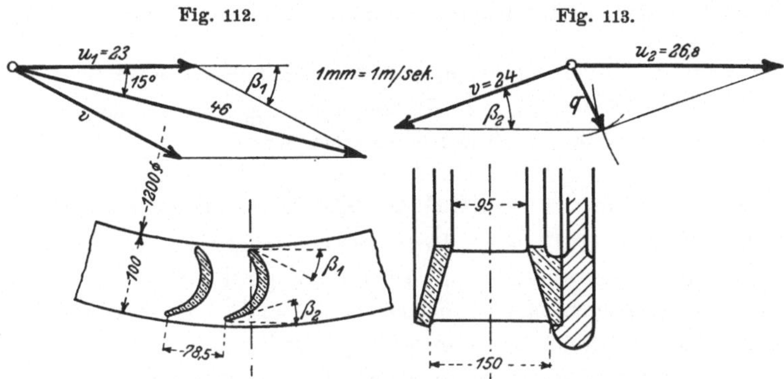

Fig. 114.

Die Umfangsgeschwindigkeit am Laufradeintritt würde nach § 17 B.

$$u_1 = \frac{w_1}{2} \cdot \frac{1}{\cos \delta_1} \text{ sein, also bei } \delta_1 = 15^0$$

$$u_1 = \frac{46}{2} \cdot \frac{1}{0{,}96} = 24 \text{ m/sek.}$$

Jedoch ergibt dieser Wert dann eine große äußere Umfangsgeschwindigkeit u_2, wodurch w_2 ebenfalls groß und sehr schräg gerichtet wird, was aber vermieden werden soll. Es sei deshalb aus Zweckmäßigkeit

$$u_1 = 23 \text{ m/sek. gewählt.}$$

Schließlich ergibt sich daraus die Umlaufszahl zu

$$n = \frac{23 \cdot 60}{1{,}2 \cdot \pi} = \textbf{360} \text{ pro Minute.}$$

d) Laufradschaufel.

Es ist also $u_1 = 23$ m/sek. gewählt worden. Ferner ist bekannt: $\sphericalangle\, \delta_1 = 15^0$ und $w_1 = 46$ m/sek. Das Geschwindigkeitsparallelogramm am Laufradeintritt erhält somit die Gestalt Fig. 112, woraus sich $\sphericalangle\, \beta_1$, sowie die Geschwindigkeit v graphisch ergeben. Man mißt aus der maßstäblichen Zeichnung $v = 24$ m/sek., sowie $\beta_1 = 28^0$ ab. Der $\sphericalangle\, \beta_1$ muß alsdann der Schaufelrichtung am Eintritt gegeben werden, wie Fig. 114 zeigt.

Am Laufrad-Austritt erhält man folgendes. Bekannt sind:

$$v = 24 \text{ m/sek. und}$$

$$u_2 = u_1 \cdot \frac{D_1}{D_2} = 23 \cdot \frac{1400}{1200} = 26{,}8 \text{ m/sek.}$$

Zur Erzeugung von w_2 sollen nun $3{,}5\,^0/_0$ von H verloren gehen, also wird

$$w_2 = \sqrt{2 \cdot g \cdot 0{,}035 \cdot 120} = 9 \text{ m/sek.}$$

Die drei Geschwindigkeiten zusammengesetzt ergeben das Parallelogramm Fig. 113 und daraus erhält man den $\sphericalangle\, \beta_2$, wonach hier die Schaufel zu gestalten ist.

Die Laufradschaufel selbst kann schließlich in der Weise, wie Fig. 114 maßstäblich zeigt, entworfen und in den Kranz eingebaut werden. Der Kranz wird nach außen zu zweckmäßig erweitert. Er soll mit den Schaufeln aus einem Stück, und zwar aus Rotguß hergestellt, und an eine gußeiserne Armscheibe angeschraubt werden, welche den Schaufelkranz in der in der Figur ersichtlichen Weise umfaßt.

Aus Fig. 114 erhält man beim maßstäblichen Aufzeichnen, unter Annahme einer Schaufelzahl $z_2 = 56$, eine Teilung $t_2 = \frac{1400 \cdot \pi}{56} = 78{,}5$ mm, was einer Schaufelweite von annähernd 30 mm entsprechen würde.

§ 20. Das Tangentialrad und seine Berechnung.

Das Tangential- oder Peltonrad, sowie die Löffelturbine sind diejenigen Freistrahlturbinen, welche für große Gefällhöhen und geringe Wassermengen am geeignetsten sind. Man findet sie in Anwendung bei Gefällhöhen von 60—600 m, und sie erreichen dabei einen für Wasserkraftmaschinen ganz ungeahnt hohen Nutzeffekt bis zu $95\,^0/_0$.

Es ist daher sicher anzunehmen, daß sie für das angegebene Verwendungsgebiet bald allein das Feld behaupten und die Schwamkrug-Turbine mehr und mehr verdrängen werden, umsomehr als auch dieselben nur einen außerordentlich geringen Raum beanspruchen, leicht zugänglich sind und eine sehr einfache und genaue Regulierung gestatten.

Die sogen. Löffelturbinen, welche hauptsächlich von Schweizer Firmen angewandt werden, unterscheiden sich in den neueren Ausführungen nur unwesentlich von den eigentlichen Tangentialrädern durch die Schaufelform und die Beaufschlagung der Schaufeln.

Ein Tangentialrad ist in den Fig. 115 und 116 als allgemeines Beispiel für dessen Aufbau dargestellt. Der geringen Wassermenge entsprechend ist ebenfalls nur partielle Beaufschlagung vorhanden. Der ganze Leitapparat besteht aus einer oder höchstens zwei Düsen, durch

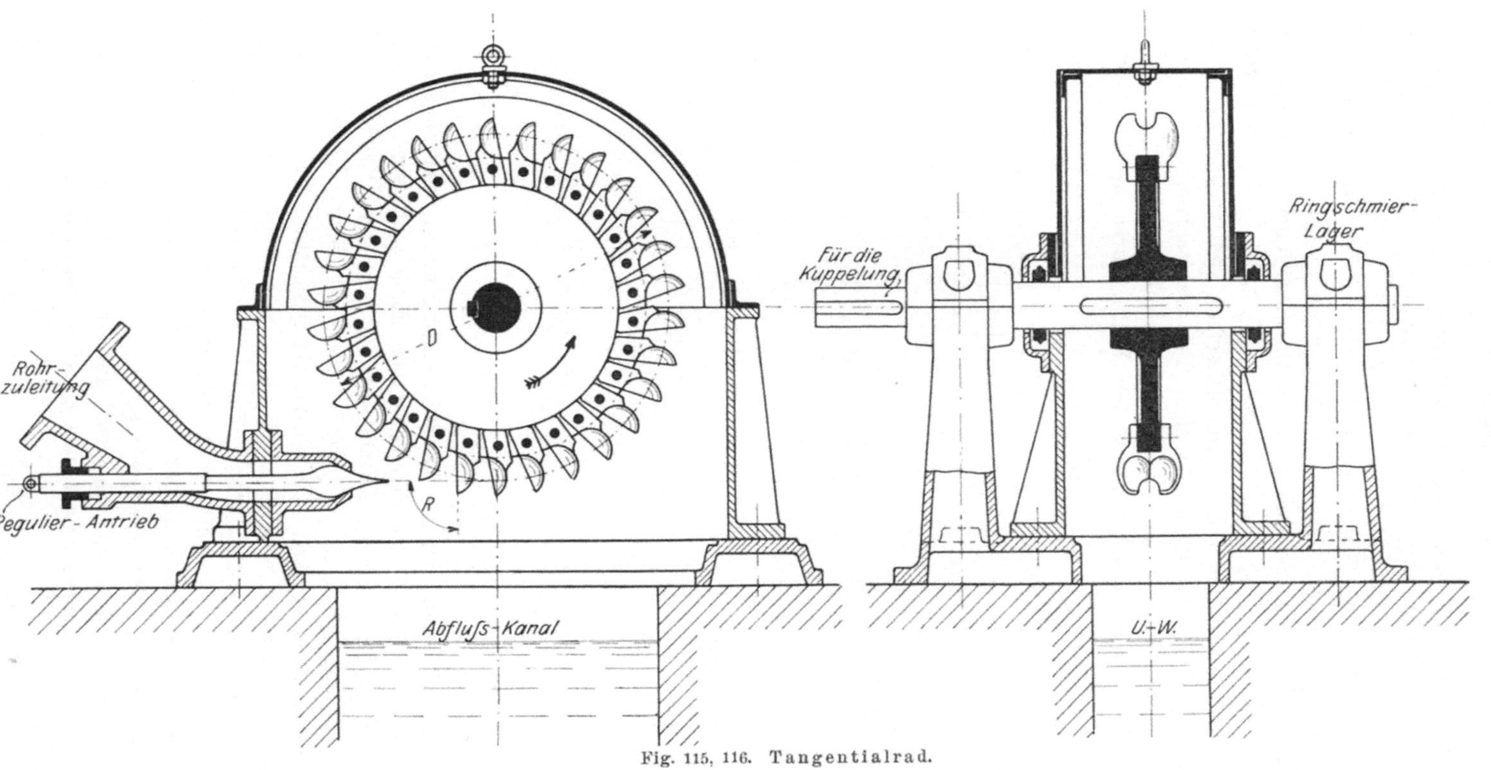

Fig. 115, 116. Tangentialrad.

welche ein Strahl von rundem oder rechteckigem Querschnitt auf die Schaufeln gelenkt wird. Die Beaufschlagung erfolgt hier weder achsial noch radial, sondern in nahezu tangentialer Richtung. Der Name: „Tangentialrad", an Stelle der früher üblichen Bezeichnung als Peltonrad (nach dem Erfinder, dem Amerikaner Pelton), gibt daher das Wesen dieser Strahlturbine an und wird deshalb neuerdings vorgezogen.

Die wichtigsten Konstruktionselemente des Tangentialrades sind seine eigenartig geformten Schaufeln. Dieselben stellen, wie Fig. 117 zeigt, gewissermaßen Doppelschaufeln einer Freistrahlturbine dar. Der Strahl wird genau auf die mittlere Schneide gelenkt, teilt sich und fließt in möglichst dünnem Querschnitt je zur Hälfte durch die beiden Schaufel-

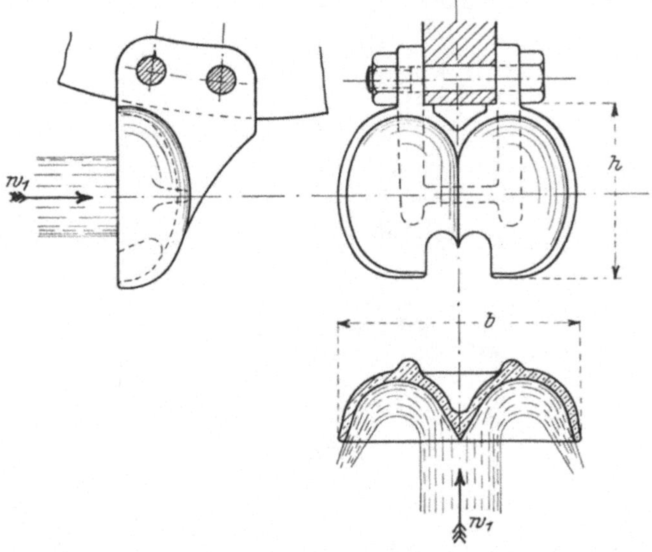

Fig. 117.

mulden, welche in der zu durchfließenden Rundung nahezu einen Bogen von 180° umfassen. Durch diese Schaufelform tritt, wie in § 17 A. entwickelt wurde, die beste Ausnutzung der lebendigen Kraft des Wasserstrahles auf, wodurch sich dann auch der hohe Wirkungsgrad der Tangentialräder erklärt. Der in der Figur sichtbare Ausschnitt wird von einigen Firmen aus dem Grunde gewählt, daß die Düse recht nahe an die Schaufel gerückt werden kann. Die Größe der Schaufel läßt sich nicht berechnen, sondern muß aus Zweckmäßigkeitsgründen gewählt werden. Sie richtet sich besonders nach dem Strahlquerschnitt, wie in den späteren „Berechnungen" noch näher angegeben ist.

Die Schaufeln sind manchmal aus einem Stück mit dem Rade, meist aber besonders angeschraubt, und zwar ist dann auf eine sehr sorgfältige, genaue und solide Befestigung zu sehen, da auch hier, wie bei der Schwamkrug-Turbine näher ausgeführt wurde, sehr große Umfangsgeschwindigkeiten auftreten können. Mit Rücksicht darauf ist auch eine sorgfältige Ausbalancierung des Rades nötig, sowie ferner eine richtige Wahl des Materials. Die Schaufeln sind meist aus Bronze, manchmal auch aus Stahlguß. Eine Bearbeitung der Schaufelmulden wird vielfach wegen ihrer Schwierigkeit unterlassen oder von Hand bewirkt. Jedoch erhöht sich der Wirkungsgrad der Turbine durch eine saubere Bearbeitung, so daß neuerdings auch ein Ausfräsen der Mulden vorgenommen wird. — Das Rad besteht aus Gußeisen, oder bei hoher Umfangsgeschwindigkeit ebenfalls aus Stahlgnß bezw. Stahl.

Die Regulierung der zugeführten Wassermenge erfolgt auf verschiedene Weise, je nachdem ein Strahl von rundem oder rechteckigem Querschnitt Verwendung finden soll.

Bei rundem Strahl ist allgemein die Verengung des Düsenquerschnitts durch eine Nadel üblich. Als Form derselben wird in einfachster Weise ein Dorn mit konischer Spitze gewählt, wodurch jedoch der Ausflußkoeffizient φ und dadurch der Wirkungsgrad bei vorgeschobener Spitze schlecht wird. Vorteilhaft ist dagegen die Form der Nadel nach Fig. 118, wie sie von der auf dem Gebiete des Tangentialradbaues berühmten amerikanischen Firma A. Doble & Co. in San Francisco aus

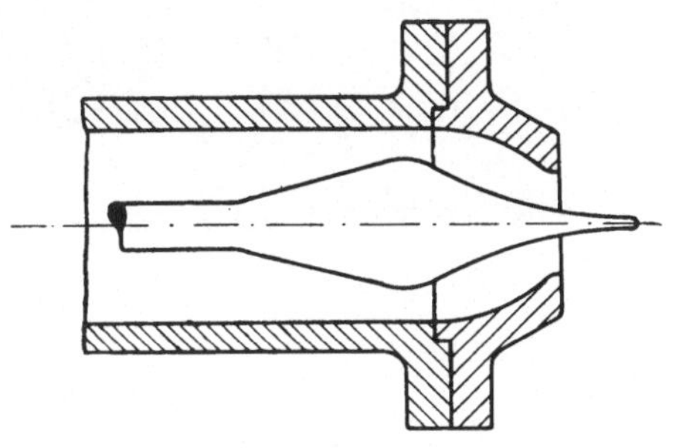

Fig. 118.

geführt wird. Es soll hierbei ein Ausflußkoeffizient $\varphi = 0{,}98$ bis $0{,}993$ erreicht werden, und zwar annähernd bei jeder Nadelstellung, da der Strahl infolge der eigenartigen Form von Nadel und Düse stets eine gleichförmig beschleunigte Bewegung erhält. Die betreffende Firma verwendet bei allen Rädern nur eine Düse, und zwar bis zu 150 mm Mündungsdurchmesser. Der Zusammenbau von Düse und Rad ist hierbei aus Fig. 119 ersichtlich.*)

In Europa, besonders der Schweiz (dort bei Löffelturbinen), wird vielfach der rechteckige Strahl vorgezogen, da hierbei die Teilung desselben in möglichst flache Querschnitte beim Auftreffen auf die Schaufelschneide leichter eintritt. Hierzu ist eine Regulierung mittelst einer Zunge (ähnlich der früheren Konstruktion Fig. 110, jedoch mit Angriff der Regulierstange im Innern der Düse) oder mittelst Doppelschiebers nötig, z. B. nach Art der Fig. 120. Diese Figur stellt eine Ausführung

---

*) Nach Homberger, Z. d. V. d. Jng. 1904, S. 1903.

der französischen Firma Singrun Frères dar. Der Strahl soll, wenn möglich, die Form eines stehenden Rechtecks erhalten und seine Richtung soll derart sein, daß die Strahlmitte genau auf die mittlere Schneide der Schaufel trifft. Die beiden Schieber sind daher von beiden Seiten gleich-

Fig. 119.

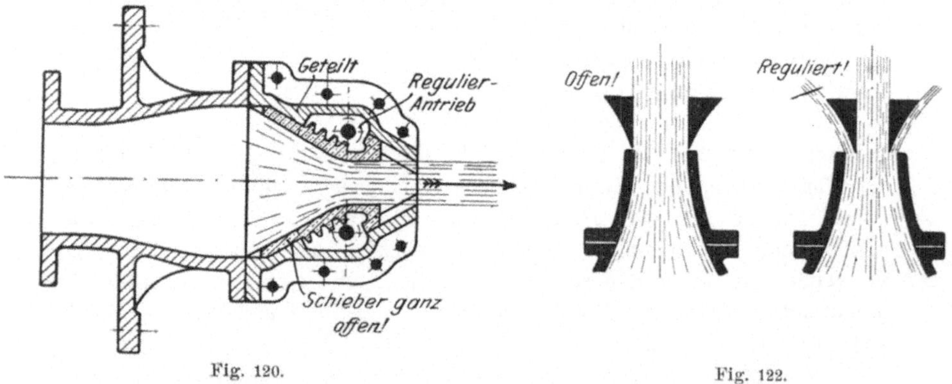

Fig. 120.

Fig. 122.

zeitig zu verschieben. Dies kann durch Zahnstangen, wie Fig. 120 zeigt, oder mittelst zweier durch Kolben und hydraulischen Druck bewegter Stangen bewirkt werden. Der Antrieb der Regulierung selbst erfolgt wieder entweder von Hand oder besser jedoch selbsttätig, wozu, wie früher, in der Regel ein indirekt wirkender Regulator nötig ist. Die Verstellkräfte sind jedoch meist gering, so daß nur sehr kurze Schlußzeiten für die Regulierung auftreten.

Die Schaufelform ändert sich bei rechteckigem Strahl in der Weise, wie aus der Fig. 121 hervorgeht. Diese Figur stellt ein Tangentialrad der mehrfach genannten Firma Briegleb, Hansen & Co. dar. Diese Firma gestaltet auch die zur Regulierung erforderlichen Doppelschieber anders, und zwar keilförmig, wie Fig. 122 zeigt. Werden die Keile zugeschoben, so ist die Folge, daß das nicht zur Beaufschlagung gelangende Wasser seitlich ins Freie tritt, so daß also die zugeleitete Wassermenge auch bei häufigen Belastungsänderungen der Turbine stets gleich bleibt. Es werden dadurch Druckschwankungen in der Rohrleitung vermieden, die, wie schon früher erwähnt, bei hohem Gefälle gefährlich werden können.

Fig. 121.

Alle vorstehend erwähnten Düsen und ihre Einzelteile sind an der Austrittsstelle sehr sorgfältig zu bearbeiten, damit der Strahl seine genaue Richtung behält und auch keine Zerstäubung erfährt, was schon durch ganz geringe Unebenheiten und Scharten sonst eintreten könnte. Das Material der Düsen ist wiederum meist Bronze, es wird jedoch auch Gußeisen und bei hohem Gefälle Stahlguß oder Stahl verwendet.

Berechnungen bei Tangentialrädern.

Wie bei allen Strahlturbinen ist auch bei dieser Abart die grundlegende Rechnungsgröße festgelegt durch die Gleichung:

$$w_1 = \varphi \cdot \sqrt{2 \cdot g \cdot h_l}.$$

Der Ausflußkoeffizient φ kann hierbei ziemlich hoch (0,98) gewählt werden.

Die Umfangsgeschwindigkeit des Laufrades wird nun, da der Winkel $\delta_1 \cong 0$ ist (vergl. Fig. 123):

$$u \cong \frac{w_1}{2}.$$

Ein Geschwindigkeitsparallelogramm beim Schaufeleintritt kann nicht aufgezeichnet werden.

Die Relativgeschwindigkeit des Strahles in der Schaufel ist somit ebenfalls:

$$v \cong \frac{w_1}{2} = u.$$

Beim Schaufelaustritt tritt jedoch ein Parallelogramm wie früher auf. Bekannt sind u sowie $v = u$ und man erhält die Austrittsgeschwindigkeit w_2

durch Wahl des Winkels β_2. Letzterer wird jedoch nur sehr klein gewählt, weil mit Rücksicht auf die geringe Wassermenge die Geschwindigkeit des abfließenden Wassers w_2 ebenfalls sehr gering gehalten werden kann. Die Schaufelform ergibt sich alsdann, wie schon erwähnt, konstruktiv, jedoch unter Berücksichtigung der aus Fig. 123 ersichtlichen Winkel.

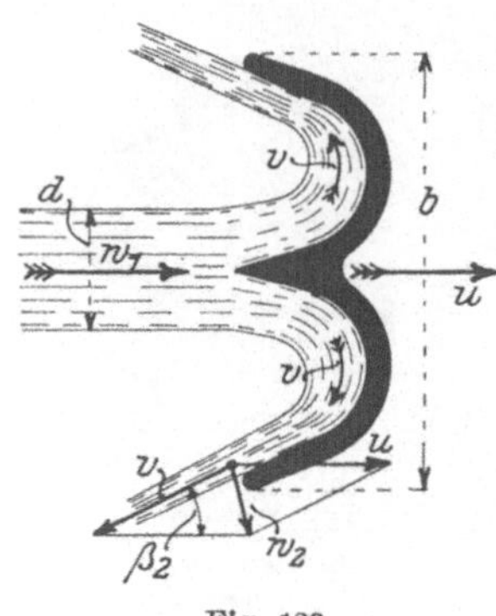

Fig. 123.

Die Mulde hat vielfach die Form eines Ellipsoides (Fig. 117) oder aber eine Form, wie sie aus Fig. 121 hervorgeht. Eine saubere Bearbeitung der Mulde erhöht den Wirkungsgrad der Turbine.

Die Schaufelbreite b sowie die Schaufelhöhe h wählt man bei praktischen Ausführungen meist als Vielfaches des Strahldurchmessers d.

Man findet hierbei

$$b = 3\!-\!5\,.\,d$$

und eine Schaufelhöhe

$$h = 1{,}5\!-\!2{,}5\,.\,d.$$

Die Schaufelzahl z richtet sich nach dem gegenseitigen Abstande, d. h. nach der Schaufelteilung t. Schaufeln der Löffelturbinen sitzen sehr eng aufeinander, bei den eigentlichen Tangentialrädern findet man dagegen in praktischen Ausführungen häufig eine äußere Teilung von annähernd $t_a \cong h$, was für die Berechnung von z überschläglich angenommen werden kann. Jedoch ist die Ausführbarkeit beim Aufzeichnen des Rades zu prüfen!

Die lichte Gehäusebreite kann ungefähr gleich dem 3 fachen der Schaufelbreite gewählt werden, damit das Wasser seitlich einen bequemen Abfluß findet.

Beispiel: Gefälle und Wassermenge des Beispiels in § 19 sollen durch ein Tangentialrad ausgenutzt werden. Es war $Q = 150$ l/sek. und $H = 120$ m.

Wie dort sei ferner gesetzt: $w_1 = 46$ m/sek. Der Düsenquerschnitt wird somit auch hier $f = 33$ qcm. — Nimmt man nun einen runden Strahl an, so wird dessen Durchmesser

$$d = \sqrt{\tfrac{33\,.\,4}{\pi}} = 6{,}5 \text{ cm} = \mathbf{65 \text{ mm}}.$$

Die Schaufel könnte dementsprechend eine Breite von z. B.

$$b = 3{,}50\,.\,d = \mathbf{230 \text{ mm}}$$

und eine Höhe

$$h = 1{,}75\,.\,d = \mathbf{115 \text{ mm}}$$

erhalten, wenn nicht vorgezogen wird wegen den verhältnismäßig großen Dimensionen eine Teilung in 2 Laufräder (Zwillingsturbine) bezw. auch in zwei Düsen für ein Laufrad vorzunehmen.

Der Laufraddurchmesser (auf Mitte Schaufel ungefähr gerechnet) kann wieder in gewissen Grenzen beliebig sein. Es werde gewählt

$$D = 1000 \text{ mm } \Phi,$$

so daß sich die Umlaufszahl bei der auftretenden mittleren Umfangsgeschwindigkeit $u = \frac{w_1}{2} = 23$ m/sek. zu

$$n = \frac{23 \cdot 60}{1 \cdot \pi} = 440 \text{ pro Minute.}$$

ergibt. — Zur Ermittlung der Schaufelzahl kann eine äußere Teilung von ungefähr $t_a = 115$ mm angenommen werden. Da der äußere Durchmesser sich zu $D_a = 1000 + 115 = 1115$ mm ergibt, so erhält man eine Schaufelzahl von

$$z = \frac{1115 \cdot \pi}{115} \simeq 30 \text{ Schaufeln.}$$

Diese Zahl erfordert dann eine genaue Teilung von $t_a = 116{,}7$ mm.

Die Leistung würde bei $\eta = 0{,}75$ wie bei der Schwamkrug-Turbine $N_e = 180$ PS. betragen. Rechnet man jedoch mit einem Wirkungsgrad von $90\,^0/_0$, was bei guter Ausführung hier gestattet wäre, so ergibt sich:

$$N_e = 180 \cdot \frac{0{,}90}{0{,}75} = 216 \text{ PS.}$$

Es ergibt sich also eine, außerordentlich geringe Raumbeanspruchung der berechneten Turbine von nur annähernd 1200 mm Höhe und 250 mm Breite, was für eine Betriebsmaschine von 216 PS. bei 440 minutlichen Umdrehungen natürlich als sehr günstig zu bezeichnen ist!

In dem eingangs dieses Paragraphen angegebenen Verwendungsgebiet werden deshalb Tangentialräder wegen dieses und ihrer anderen Vorteile vorgezogen. Man findet sie von den kleinsten Ausführungen bis zu Einheiten von 3000 PS. in Anwendung. Ja, die Firma Doble & Co. hat bereits ein Rad gebaut, welches bei 400 Umdrehungen pro Minute 7800 PS. leistet. Desgleichen lieferte diese Firma ein Tangentialrad in Zwillingsanordnung zum Betriebe eines Elektrizitätswerkes mit einer Leistung von 13 000 PS., welch letztere zurzeit überhaupt die jemals erreichte Höchstleistung einer stationären Betriebsmaschine darstellt.

Kapitel V.

Wasserräder.

§ 21. Beschreibung der Arten. — Grundlegende Rechnungs-
größen. — Beispiel eines Überfallrades.

Die Wasserräder unterscheiden sich in der Hauptsache von den Turbinen durch die andere Wirkungsweise des Wassers in denselben. In der Regel leistet hier das Wasser Arbeit nur durch sein Gewicht, indem sich die gefüllten Schaufelkammern nach abwärts bewegen und dadurch das Rad in Drehung versetzen.

Ein weiterer Unterschied liegt darin, daß das Wasser die Schaufelkammern eines Wasserrades an derselben Seite verläßt, an der es in dieselben eintrat, während bei Turbinen ein stetiges Durchströmen der Schaufeln stattfindet. Schließlich besteht natürlich auch ein wesentlicher Unterschied hinsichtlich der Bauart, der Umdrehungszahl usw., wie aus den folgenden Erörterungen ersichtlich werden wird.

Je' nach Art der Beaufschlagung unterscheidet man nun in der Hauptsache:

Oberschlächtige Wasserräder,

Mittelschlächtige Wasserräder und

Unterschlächtige Wasserräder.

A. Oberschlächtige Wasserräder.

Ein derartiges Rad ist in Fig. 124 dargestellt. Vermöge seiner Bauart wäre dasselbe für Gefälle von 4—10 m, jedoch nur geringe Wassermengen geeignet.

Wie ersichtlich, tritt das Wasser annähernd im Scheitelpunkt des Rades ein. Die langsam vorbeistreichenden Schaufelkammern füllen sich teilweise mit Wasser, welches durch sein Gewicht das Rad in Drehung erhält. Man wird nun darauf sehen müssen, den in Richtung der Schwerkraft zurückzulegenden Weg möglichst groß zu erhalten, damit die erzielte Arbeitleistung des Wassers einen großen Wert erhält. Das Rad wird man infolgedessen so bauen, daß die Schaufeln möglichst nahe am Oberwasserspiegel gefüllt werden und erst dicht über dem Unterwasser auszugießen beginnen.

Der Durchmesser des oberschlächtigen Rades richtet sich also, wie auch Figur zeigt, nach der nutzbaren Gefällhöhe H. Im sogen. Gerinne, d. h. der oberen Zuleitung des Wassers ist allerdings eine geringe Aufstauung nötig, damit die erforderliche Zuflußgeschwindigkeit c_1 erreicht wird. Unter dem Rade ist ferner ein von den Rückstauverhältnissen abhängiger Betrag für das Freihängen nötig, so daß der Raddurchmesser sich zu

$$D = H - (h_l + h_a)$$

ergeben würde.

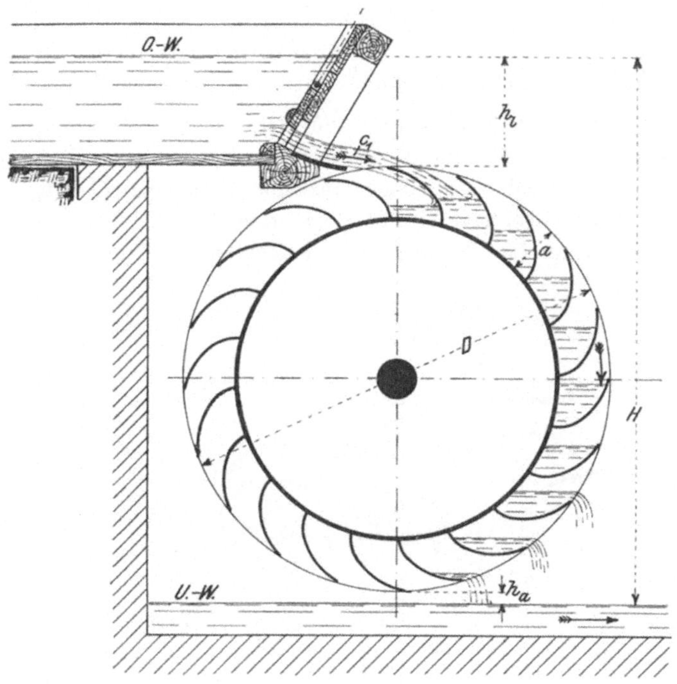

Fig. 124.

Die zum Entwurfe eines oberschlächtigen Wasserrades erforderlichen Werte werden größtenteils nach Faustformeln bezw. als Erfahrungszahlen bestimmt.

Als Umfangsgeschwindigkeit wird in der Regel gewählt:

$$u = 1{,}5 - 2{,}5 \text{ m/sek.,}$$

was die sehr geringe Umdrehungszahl des Rades von $n = 4-8$ pro Min. ergibt. Größere Umdrehungszahlen würde nämlich in der Regel die Stabilität des Rades nicht zulassen, auch würde hierbei ein zu frühes Ausgießen der Schaufeln stattfinden.

Die Radbreite b ergibt sich aus der Wassermenge Q. Man wählt in der Regel die Schaufeltiefe a nach der Erfahrungsformel:

$$a = \frac{1}{4} \text{ bis } \frac{1}{6} \cdot \sqrt[3]{H}.$$

Nimmt man dann an, daß die Schaufelkammern zu ein Viertel bis zur Hälfte mit Wasser gefüllt werden sollen, so würde eine Gleichung bestehen:

$$Q = \left(\frac{1}{4} \text{ bis } \frac{1}{2}\right) \cdot a \cdot b \cdot u.$$

Beispiel: Bei 1 cbm Wasser pro Sekunde, einer Schaufeltiefe $a = 0{,}35$ m (bei $H = 6$ m) und einer Umfangsgeschwindigkeit $u = 2$ m/sek. würde sich z. B. ergeben:

$$b = \frac{1 \cdot 3}{0{,}35 \cdot 2} = 4{,}3 \text{ m,}$$

also eine außerordentlich große Breite.

Die Strahlbreite b_0 (s. Fig. 125) ist, damit die Radkammern gut „schlucken", 200—400 mm schmäler zu halten als die Radbreite. Die Strahldicke a_0 würde schließlich aus der Gleichung $Q = a_0 \cdot b_0 \cdot c_1$ zu berechnen sein, wobei man in der Regel $c_1 = u + (0{,}5$ bis 1 m) annimmt. Der Wasserspiegel im Gerinne wäre dementsprechend anzustauen.

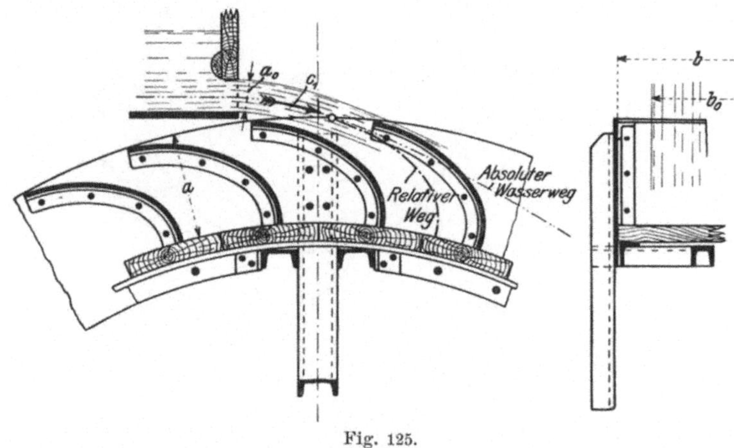

Fig. 125.

Das wichtigste beim Rade ist, wie bei den Turbinen, wiederum die Konstruktion der Schaufel. Die Schaufel soll oben den Strahl richtig fassen, unten jedoch möglichst spät ausgießen. Man konstruiert nun derart, daß man sich den relativen Weg des Strahles aufzeichnet und diesem entsprechend die Schaufelkrümmung ausbildet, wie dies in Fig. 125 angedeutet ist. Der (zum Rade) relative Weg ergibt sich aus dem absoluten Weg des Wasserstrahls, welcher eine Parabel darstellt. Bezüglich der genauen Konstruktion dieser Kurven sei auf die Ausführungen im Taschenbuch „Hütte" verwiesen.

Die konstruktive Ausbildung der oberschlächtigen Wasserräder ist verschieden. Billige Konstruktionen werden ganz aus Holz ausgeführt.

Diese haben aber dann einen schlechten Nutzeffekt, da sie keine besonders sachgemäße Herstellung ermöglichen. Gute Konstruktionen sind, abgesehen vom Schaufelboden, aus Eisen auszuführen. Die Schaufeln werden aus Blech hergestellt und in der Weise in den Kranz eingebaut, wie Fig. 125 angibt. Das Rad wird zweckmäßig aus den beiden Blechkränzen mit einem hölzernen Boden (zur Verminderung des Geräusches) und dem Armsystem mit der Nabe zusammengesetzt. Die Arme sind dabei meist aus ⊏-eisen, die, wie Fig. 129, Seite 98 ähnlich zeigt, an gußeisernen Nabenscheiben angeschraubt sind. Man rechnet dabei vielfach auf je 1,5 m Breite ein Armsystem.

Bei guten Ausführungen, welche jedoch große Kosten verursachen, erreicht man dann einen Wirkungsgrad von $80\,\%$. In der Regel beträgt derselbe jedoch nur $70\,\%$ und weniger.

B. Mittelschlächtige Wasserräder.

Ein derartiges Rad stellt Fig. 126 dar. Wie ersichtlich, tritt das Wasser nahezu in Höhe der Achse in das Rad ein, füllt wiederum die Schaufelkammern teilweise an und kommt hauptsächlich durch sein Gewicht

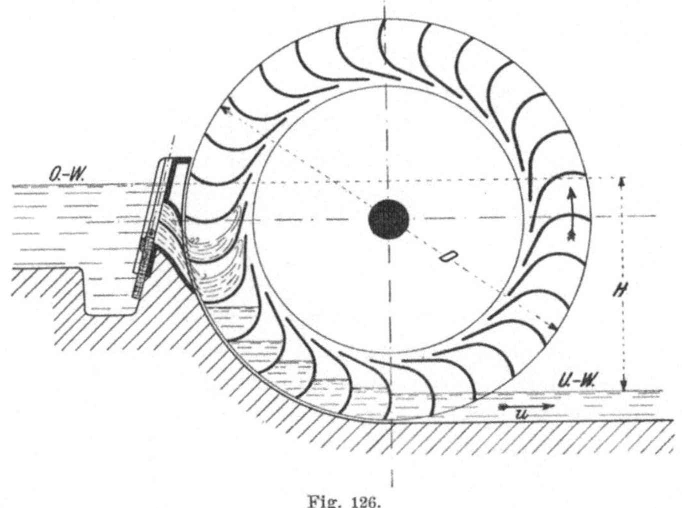

Fig. 126.

zur Wirkung. Die Zuführung des Wassers erfolgt hier am besten durch einen Leitapparat, den sogen. Kulisseneinlauf, bei dessen Anwendung der Wirkungsgrad durch bessere Wasserführung und bessere Ausnutzung der Strahlgeschwindigkeit steigt.

Das Rad selbst wird vielfach von einem enganschließenden Mantel, dem sogen. Kropf umgeben. Dadurch hält sich das Wasser möglichst lange in den an allen Seiten sonst offenen Schaufelkammern.

Vermöge seiner Bauart würde sich dieses Rad am besten für kleine Gefälle zwischen 1,5 und 5 m, aber ebenfalls nur geringe Wassermengen eignen. Der Raddurchmesser ergibt sich wieder aus der Gefällhöhe. Bezüglich der Umdrehungszahl, Radbreite usw. kann auf das unter A. Gesagte, wie auch auf das spätere Beispiel verwiesen werden.

Zur Konstruktion der Schaufeln in Kulisse und Rad muß, ähnlich wie bei den Turbinen, zunächst ein Geschwindigkeitsparallelogramm aufgezeichnet werden, wodurch die Schaufelrichtungen festzulegen sind. Die Radschaufeln sind jedoch, wie Figur zeigt, möglichst bald stark nach oben zu krümmen, weil das Wasser durch seine Relativgeschwindigkeit beim Eintritt hochzusteigen beginnt, bevor es zur Ruhe kommt.

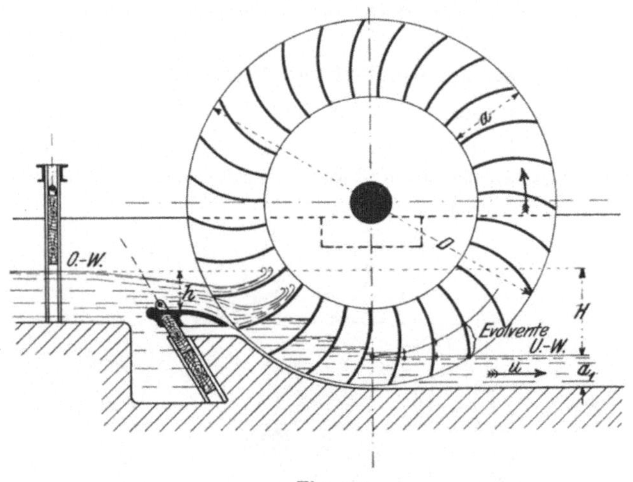

Fig. 127.

Bezüglich der Konstruktion des Rades gilt ebenfalls das unter A. bezw. im späteren Beispiel Gesagte. Eine gute Ausführung wird jedoch besonders infolge der Kulissenanordnung und infolge der trotz geringer Leistung außerordentlichen Größe und Schwere so teuer, daß eigentliche mittelschlächtige Wasserräder nur selten Anwendung gefunden haben, geschweige denn heute finden, so daß sich ein näheres Eingehen auf ihre Ausbildung hier erübrigt.

Der Wirkungsgrad soll jedoch bei guten Ausführungen bis auf $85^0/_0$ steigen können. —

Zu B. sind nun noch folgende Abarten zu rechnen:

Rückenschlächtige Räder (Einlauf oberhalb der Radmitte) und

Tiefschlächtige Räder (Einlauf unterhalb der Radmitte).

Die letztere Art bildet den Übergang zu den unterschlächtigen Wasserrädern. Sie wird vielfach, wegen der üblichen Ausführung, schlechtweg als: **„Überfall- oder Kropfräder"** bezeichnet.

Da diese Räder unter Umständen zur Ausnutzung sehr kleiner Gefälle von 0,4—1,5 m (für welche Turbinenanlagen verhältnismäßig teuer werden) geeignet sein können, soll hier kurz auf ihre Konstruktion und Berechnung noch eingegangen werden.

Ein solches Rad ist zunächst schematisch in Fig. 127 dargestellt. Der sogen. Kropf, welcher wieder das Rad am benetzten Umfange umhüllt, endigt hier in einen einstellbaren Überfall. Der Kropf selbst wird mittelst einer Schablone ausbetoniert, welche um die vorher montierten Lager pendelt. Er umschließt das Rad unten und an den Seiten mit höchstens 5—10 mm Spielraum. Der Wirkungsgrad dieser Räder beträgt in der Regel nicht mehr als 60—65%. Sie können dann jedoch recht einfach und daher billig hergestellt werden, so daß ihre Anwendung, wie schon erwähnt, auch heute noch in bestimmten Fällen zweckmäßig sein kann. Ein derartiger Fall soll durch das folgende Beispiel klargelegt werden.

Beispiel: Ein industrielles Werk verlangt eine billige **Pumpenanlage**, welche aus einem nahegelegenen kleineren Flusse das für seinen Betrieb erforderliche Wasser ständig zuführt. Dem Flusse können leicht **0,5 cbm Wasser pro Sekunde** entnommen werden. Außerdem läßt sich durch geringe Aufstauung und kurze Ableitung ein durchschnittliches **Gefälle von 0,75 m** erzielen.

Da eine Turbinenanlage dem Werke zu teuer würde, so soll auf einen guten Wirkungsgrad verzichtet werden, und ein möglichst einfaches **„Überfallrad"** zum Antriebe der Pumpe entworfen werden.

Es wäre hierbei folgendermaßen vorzugehen: Rechnet man mit einem Wirkungsgrad von 60%, der einer einfachen Ausführung nach Fig. 128, 129 entsprechen würde, so beträgt die effektive Leistung des Rades

$$N_e = \frac{1000 \cdot Q \cdot H \cdot 0,6}{75} = \textbf{3 PS.}$$

Die Rad-Abmessungen ergeben sich wie folgt: Der **Durchmesser** wird meist zu $D = (3 \text{ bis } 4) \cdot H$ angenommen, so daß hier gesetzt werden könnte:

$$D = 4 \cdot 0,75 = \textbf{3 m } \Phi.$$

Die **Breite** sei ferner zu **$b = 2$ m** gewählt.

Die Umfangsgeschwindigkeit ist nun bei einem derartigen Rade möglichst klein zu wählen, da das **abfließende** Wasser dieselbe Geschwindigkeit besitzt und daher als Verlust anzusehen ist. Es sei daher gesetzt: $u = 0,8$ m/sek., so daß sich die Umdrehungszahl zu

$$n = \frac{0,8 \cdot 60}{3 \cdot \pi} \backsim \textbf{5 pro Min.} \text{ ergibt.}$$

Aus der Wassermenge Q und der Geschwindigkeit u ermittelt man nun die Eintauchtiefe a_1 (Fig. 127). Es ist $Q = a_1 \cdot b \cdot u$ und demnach

$$a_1 = \frac{0,5}{2 \cdot 0,8} = 0,31 \text{ m,}$$

so daß die ganze Schaufeltiefe a zu ungefähr: **$a = 700$ mm** angenommen werden kann.

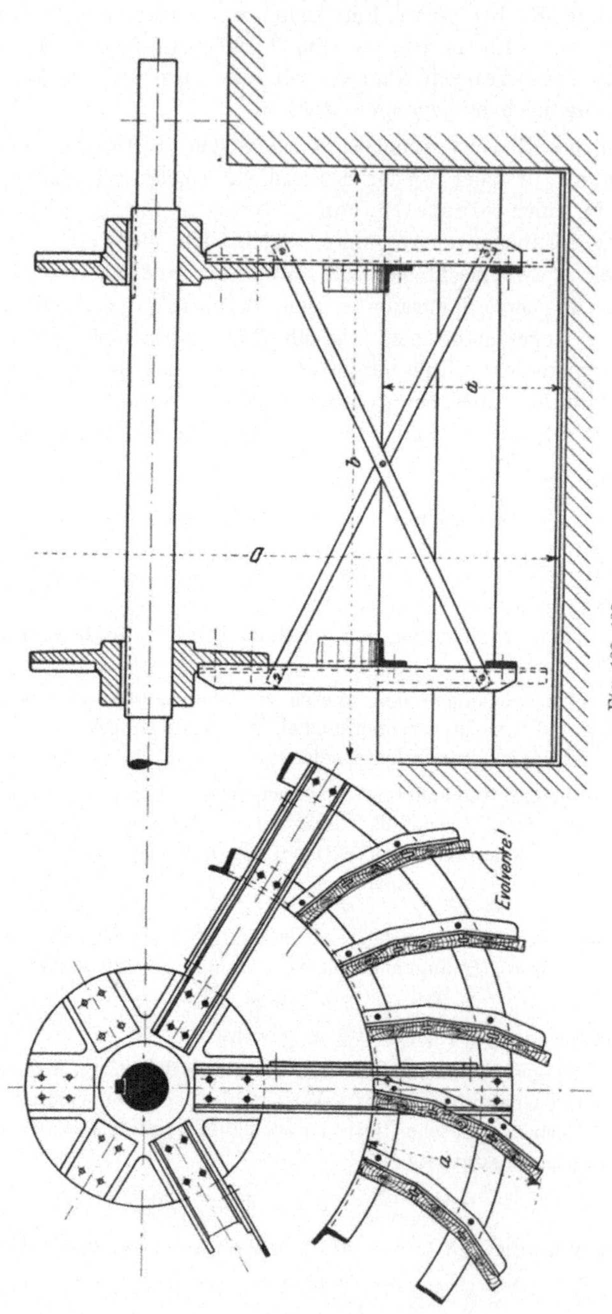

Fig. 128, 129.

Konstruktive Ausbildung eines Überfallrades.

Als letzte Größe ist noch die mittlere Wasserhöhe h über dem Überfall zu bestimmen. Es ist $Q = \mu \cdot b_0 \cdot h \cdot \sqrt{2 \cdot g \cdot h}$, wobei $\mu \simeq 0,45$ gesetzt werden kann und b_0 die Strahlbreite bedeutet, welche wieder um 20—40 cm schmäler als die Radbreite b zu nehmen ist. Es wäre also hier, falls $b_0 = 1,7$ m:

$$h \cdot \sqrt{h} = \frac{0,5}{0,45 \cdot 1,7 \cdot \sqrt{2 \cdot g}} = 0,15 \text{ und daraus:}$$

$$h \simeq 0,28 \text{ m.}$$

Die konstruktive Ausbildung des Rades sowie der Schaufeln kann schließlich in der Weise, wie die Fig. 128, 129 zeigen, erfolgen. Die Schaufeln sind hier aus je drei Tannenholzbrettern zusammengesetzt, die zusammen annähernd eine Evolvente ergeben. Letztere Kurve ist aus der Überlegung heraus zu wählen, daß die Schaufeln senkrecht aus dem Unterwasser auftauchen. Es würde zu diesem Zwecke, wie Fig. 127 andeutet, eine Evolvente zu bilden sein, deren Grundkreis der an den Unterwasserspiegel tangierende Kreis ist.

Die Schaufeln werden alsdann mit Winkeleisen an dem Kranze befestigt. Letzterer besteht nur aus je einem herumlaufenden Winkeleisen sowie Flacheisen. Als Arme sind ⊏-eisen gewählt, welche in zwei gußeiserne Nabenscheiben einmünden und dort fest verschraubt sind. Die nötige Querversteifung der Arme ist schließlich durch das sichtbare Flacheisenkreuz erzielt, so daß die Konstruktion ausreichende Stabilität erhält.

C. Unterschlächtige Wasserräder.

Das Wesen eines derartigen Rades ist in Fig. 130 schematisch dargestellt. Wie ersichtlich, kann hier von einer Wirkung des Wassers durch Gewicht natürlich keine Rede mehr sein. Es kommt lediglich der Stoß des Strahles gegen die Schaufel in Betracht.

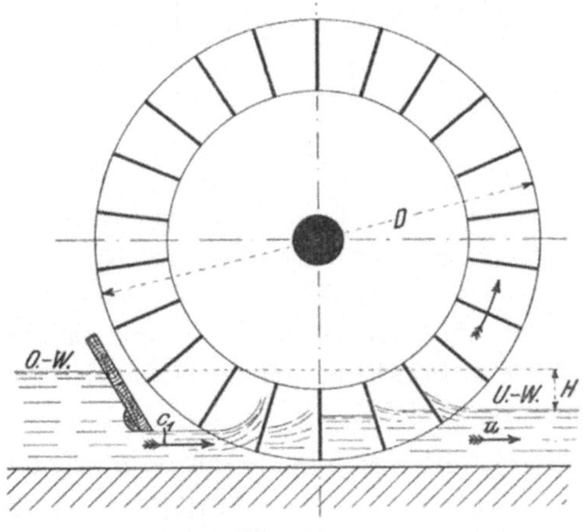

Fig. 130.

Das Rad wird nun entweder in freifließendes Wasser direkt eingetaucht, oder es kann auch eine sogen. Spannschütze, wie Figur zeigt, verwendet werden.

7*

Eine Bestimmung der Abmessungen ist hier natürlich meist ausgeschlossen, und eine Anwendung nur in sehr seltenen Fällen geboten. Der Wirkungsgrad kann im besten Falle auch nur zu 30—35 % angenommen werden.

§ 22. Anwendungsgebiet der Wasserräder. — Vergleich derselben mit Turbinen.

Wie schon aus dem vorstehenden Paragraphen hervorging, ist das Anwendungsgebiet der Wasserräder beschränkt. Es kann sich nur um Ausnutzung **geringer Gefällhöhen** bis herauf zu höchstens 10 m, sowie **geringer Wassermengen** handeln. Oberschlächtige Wasserräder würden dabei die größeren Gefällhöhen bis 10 m ausnutzen, wobei jedoch die Räder schon außerordentlich schwer werden, während bei geringerem Gefälle eines der unter B. und C. genannten Arten angewendet werden müßte.

Das **Anwendungsgebiet** erhellt daher am besten aus nachstehender kleiner Tabelle, in welcher gleichzeitig die erforderlichen Raddurchmesser, die zulässigen Umdrehungszahlen, sowie die normalen Wirkungsgrade η angegeben sind:

Bezeichnung des Rades:	H in m	Q cbm/sek.	n pro Min.	D in m	η
Oberschlächtige Räder .	4—10	bis 1 cbm	8—4	3,5—8,5	0,6—0,75
Rückenschlächt. Räder .	2,5—6	„ 1 „	8—4	4,5—8,5	0,6—0,75
Mittelschlächtige Räder	1,5—5	„ 2 „	7—3	5—8,5	0,6—0,75
Überfallräder	0,4—1,5	„ 3 „	7—3	2—6	0,5—0,65
Unterschlächtige Räder	0,1—1	—	—	—	0,3—0,35

Es ist daraus zu ersehen, daß alle Wasserräder einen verhältnismäßig großen Durchmesser erhalten, d. h. also auch ein bedeutendes Gewicht; daß in der Regel größere Wassermengen als 1—3 cbm pro Sekunde nicht verwendet werden können, weil sonst die Radbreite ins ungeheure wächst oder die Schaufeltiefe zu groß wird; daß schließlich die höchste zulässige **Umlaufszahl** in der Regel nur den sehr geringen Wert von **8 in der Minute** erreicht!

Beim **Vergleich mit Turbinen** ergibt sich somit folgendes:

1. Während Turbinen für **jede Gefällhöhe** und fast beliebig große Wassermengen geeignet sind, liegt das Anwendungsgebiet der Wasserräder, wie soeben erörtert wurde, lediglich im Bereich der kleinen Gefälle und geringen Wassermengen. Zu beachten ist hierbei noch, daß der Durchmesser bei ersteren mit der Gefällhöhe abnimmt, bei letzteren dagegen zunimmt.

2. Der Wirkungsgrad kann auch bei sachgemäß konstruierten (teuren) Wasserrädern niemals derart hoch werden, wie bei ebenso konstruierten Turbinen. Bei letzteren ist heute, wie aus den Kapiteln III und IV hervorging, mindestens $\eta = 0,8$ als normal anzusehen.

3. Die Welle ist bei Wasserrädern allerdings stets liegend. Beachtet man jedoch, daß die Umdrehungszahl so außerordentlich gering ist, so wird in der Regel niemals ein unmittelbarer Anschluß an Transmissionen und dergl. wie bei Turbinen möglich sein. Es müssen vielmehr erst sehr große Zahnradübersetzungen zwischengeschaltet werden, die dann wiederum eine Menge Arbeit durch Reibung verzehren.

4. Die Regulierung einer modernen Turbine ist, wie früher erörtert wurde, durchaus vollkommen und in einigen Fällen sogar einfach zu erreichen. Bei Wasserrädern würde eine Reguliervorrichtung, die z. B. durch Spannschütze bewirkt werden könnte, dagegen nur ganz unvollkommen und recht schwerfällig ausgebildet werden können.

5. Die Lebensdauer ist bei Turbinen wie bei Wasserrädern wohl annähernd gleich. Letztere werden, da sie zugänglicher sind, leichter noch zu reinigen und zu unterhalten sein, so daß hierin ein Vorzug derselben zu erblicken ist. Auch bei unreinem, schlammigen Wasser sind Turbinen leichter einer Betriebsstörung durch Verstopfen der Schaufelkammern ausgesetzt. Bei Wasserrädern liegt dagegen wieder mehr die Gefahr eines starken Eisansatzes bei strenger Kälte vor, während bei Turbinenanlagen sich wohl eine dicke Eisdecke auf dem Oberwasser bilden kann, die Turbine selbst dagegen im allgemeinen durch die größere Wassergeschwindigkeit von Eisansatz frei bleibt.

6. Starke Schwankungen des Unterwasserspiegels sind für Francis-Turbinen bekanntlich ohne Einfluß auf die Wirkungsweise. Bei Wasserrädern dagegen in der Regel verhältnismäßig sehr. Bei oberschlächtigen Wasserrädern würde z. B. der Wirkungsgrad außerordentlich sinken, sobald die Schaufeln in das Unterwasser eindringen.

7. Der größte Nachteil der Wasserräder liegt jedoch in ihren, zum Vergleich mit Turbinen ungeheuren Abmessungen und den damit verbundenen großen Eigengewichten. — Um dies klar zu machen, sei ein Vergleich zwischen der im § 11 berechneten Francis-Turbine und einem oberschlächtigen Wasserrade für dieselben Verhältnisse geführt, wie folgt:

Beispiel: Es war bei dem angeführten Beispiel in § 11: $\boldsymbol{H = 8\ \mathrm{m}}$, $\boldsymbol{Q = 2\ \mathrm{cbm/sek.}}$, und die gefundenen Abmessungen der Francis-Turbine waren: Laufraddurchmesser 1200 mm bezw. äußerer Leitraddurchmesser 1660 mm. Größte Laufradhöhe 400 mm. Ferner war die Umdrehungszahl $n = 124$ pro Minute.

Das entsprechende oberschlächtige Wasserrad würde dagegen folgende Abmessungen erhalten:

Der Raddurchmesser kann zu $\boldsymbol{D = 7\ \mathrm{m}}$ gewählt werden.

Dies gäbe bei einer größten zulässigen Umfangsgeschwindigkeit von 2,2 m/sek. eine Umlaufszahl

$$n = \frac{2,2 \cdot 60}{7 \cdot \pi} = 6 \text{ pro Min.}$$

Wählt man nun die Schaufeltiefe zu $a = \frac{1}{5} \cdot \sqrt{8} = 0,4$ m und die Füllung zu $\frac{1}{2}$ der Tiefe, so ergibt sich die lichte Breite des Rades zu

$$b = \frac{2 \cdot 2}{2,2 \cdot 0,4} = 4,54 \text{ m;}$$

die äußere Breite kann daraus zu annähernd **4,6 m** geschätzt werden.

Es steht also den verhältnismäßig kleinen Dimensionen der Turbine ein ungeheures Rad von 7 m Φ und 4,6 m Breite gegenüber, dessen Gewicht wohl jenes um wenigstens das 15 fache übertrifft.

Schlußfolgerung: Trotzdem die Konstruktion der Turbine mit ihren sorgfältig auszuführenden Einzelteilen an sich wesentlich teurer ist als die eines Wasserrades, so wird infolge der großen Gewichtsunterschiede doch in den meisten Fällen eine Turbinenanlage sich billiger stellen als eine in Eisenkonstruktion sachgemäß ausgeführte Wasserradanlage, besonders dann, wenn bei letzterer eine Anzahl Zahnräder erforderlich werden damit die notwendige Umlaufszahl einer normalen Transmission oder Arbeitsmaschine erreicht wird. Ganz von selbst verbietet sich die Anwendung der Wasserräder zum Antrieb von Dynamomaschinen, da ihre Regulierung zu mangelhaft ist. Die Wasserrad-Konstruktionen können daher im allgemeinen als veraltet und unzweckmäßig angesehen werden, denn den im § 6 aufgestellten „Forderungen der Neuzeit" entsprechen sie durchaus nicht.

Als Neuanlagen kommen sie infolgedessen auch kaum mehr in Betracht, ausgenommen vielleicht in dem in § 21 B. genannten Fall zur primitiven Ausnutzung kleinster Gefälle, bei welchen Turbinenanlagen zu teuer würden.